Günther Schanz

Eine kurze Geschichte der Betriebswirtschaftslehre

Günther Schanz

Eine kurze Geschichte der Betriebswirtschaftslehre

2., überarbeitete und erweiterte Auflage

UVK Verlagsgesellschaft mbH · Konstanz

Prof. Dr. Günther Schanz
lehrte Betriebswirtschaftslehre an der Universität Göttingen. Seine Lehr- und Forschungsschwerpunkte sind Unternehmensführung, Personalwirtschaft, Organisation und Grundlagenprobleme der Betriebswirtschaftslehre.

ISBN (Print) 978-3-86764-832-5
ISBN (EPUB) 978-3-7398-0372-2
ISBN (EPDF) 978-3-7398-0373-9

Die erste Auflage dieses Buches ist 2014 bei utb/UVK Lucius unter dem gleichen Titel erschienen.

Bibliografische Information der Deutschen Bibliothek
Die Deutsche Bibliothek verzeichnet diese Publikation in der Deutschen Nationalbibliografie; detaillierte bibliografische Daten sind im Internet über <http://dnb.ddb.de> abrufbar.

Lektorat: Rainer Berger, München
Einbandgestaltung: Susanne Fuellhaas, Konstanz
Einbandmotiv: Giuseppe Porzani, fotolia.de
Druck und Bindung: Printed in Germany

UVK Verlagsgesellschaft mbH
Schützenstr. 24 · 78462 Konstanz
Tel. 07531-9053-0 · Fax 07531-9053-98
www.uvk.de

Vorwort zur 2. Auflage

Die in der 2. Auflage gegenüber ihrem Vorläufer von mir vorgenommenen Veränderungen betreffen verschiedene inhaltliche Erweiterungen, kleinere Streichungen und zahlreiche stilistische Verbesserungen. Die Gliederung wurde komplett beibehalten.

Weil ich mich weniger als Historiker, sondern primär als ein an Grundlagenfragen der Betriebswirtschaftslehre interessierter Fachvertreter begreife, ist, wenn mir dies erforderlich schien, an kritischen Kommentaren – in der vorliegenden Auflage in verschärfter Form – nicht gespart worden. Für den Leser wird hoffentlich trotz alledem spürbar, dass, wo immer möglich, die positiven Würdigungen nicht zu kurz kommen. Aus meiner persönlichen Präferenz für eine verstärkte Verhaltensorientierung der Betriebswirtschaftslehre will ich von vornherein keinen Hehl machen.

Wie in anderen meiner verschiedenen Publikationen geht es mir auch hier nicht zuletzt um das Menschenbild, von dem – häufig implizit – betriebswirtschaftliches Forschen und Lehren in starkem Maß geleitet wird. Meine persönlichen inhaltlichen Überzeugungen finden dabei im Programm einer verhaltenstheoretischen, konsequent erfahrungswissenschaftlich ausgerichteten Betriebswirtschaftslehre ihren Niederschlag, das, wie auch schon der 1. Auflage zu entnehmen, gerade hinsichtlich dieses Punktes in deutlichem Kontrast zum Neuen Institutionalismus steht.

Das neue Nachwort bot Gelegenheit, speziell auf den Stellenwert der unternehmensethischen Problematik einzugehen. Dabei habe ich insbesondere (aber natürlich nicht ausschließlich) deren Bedeutung für die Lehre im Auge. Auch hier gibt es eine naheliegende Beziehung zum Menschenbild. Das Beharren auf Annahmen, wie sie so mancher Rationalitätsvorstellung und verschiedenen Teilen des Neuen Institutionalismus zugrunde liegen, bergen nach meiner Überzeugung die nicht einfach von der Hand zu weisende Gefahr, bei den damit konfrontierten Studentinnen und Studenten Zynismus und Menschenverachtung zu fördern. Das kann für sie selbst, aber auch für die Gesellschaft insgesamt nicht wünschenswert sein. Im Rahmen von Vorlesungen und Seminaren, in denen auch die unternehmensethische Dimension der jeweiligen Thematik angeschnitten wird, lässt sich dem entgegenwirken.

Stärker auf die betriebswirtschaftliche Forschung zielt mein (in der 2. Auflage ins Nachwort verschobenes) Plädoyer für die explizite Berücksichtigung neurowissenschaftlicher Erkenntnisse. Auch dies steht in engem Zusammenhang mit dem Bemühen um ein adäquates Menschenbild, kann aber auch in überraschend vielfältiger Weise zur Lösung durch und durch praxisrelevanter Probleme herangezogen werden.

Herzlich bedanken will ich mich abschließend bei Herrn Rainer Berger vom UVK Verlag für seine Anregung zur Neuauflage in einem veränderten Gewand sowie für die stets angenehme Zusammenarbeit mit ihm. Lob und Tadel erreichen mich am schnellsten unter schanzg@yahoo.de; empfänglich bin ich für beides. Als außerordentlich ehrenvoll empfinde ich es, dass die 1. Auflage – wie die eine oder andere meiner Publikationen auch – zwischenzeitlich in japanischer Übersetzung erschienen ist.

Landau in der Pfalz, im Januar 2018
Günther Schanz

Vorwort zur 1. Auflage

Es ist nicht unüblich, die Geschichte der Betriebswirtschaftslehre mit der Gründung der ersten Handelshochschulen beginnen zu lassen: Aachen, Leipzig und Wien (1898), kurze Zeit später dann Köln und Frankfurt (1901), Berlin (1906), Mannheim (1908) und einige mehr. Diese Entscheidung – denn um eine solche handelt es sich – rechtfertigt sich damit, dass es geeigneter institutioneller Rahmenbedingungen bedarf, damit sich Forschung und Lehre wirksam zu entfalten vermögen. Aus heutiger Sicht darf davon ausgegangen werden, dass die seinerzeit entstandenen Handelshochschulen eben dies ermöglichten. Übersehen oder ausgeblendet wird damit keineswegs, dass einzelwirtschaftlich relevante Erkenntnisse schon lange vor Gründung dieser Institutionen datieren und, etwa als Kaufmannswissen, erfolgreich und nutzenstiftend zur Anwendung kamen.

Ohne dass sich damit ein Reifeurteil verbindet: Vor dem Hintergrund der erwähnten Entscheidung handelt es sich bei der Betriebswirtschaftslehre um eine vergleichsweise junge Disziplin. Deren (akademische) Geschichte nachzuvollziehen erfolgt hier in der gelegentlich von dem Wissenschaftshistoriker *Thomas S. Kuhn* zum Ausdruck gebrachten Überzeugung, Geschichtsschreibung müsse mehr sein »[...] als ein Hort von Anekdoten und Chronologien« (Kuhn [Struktur] 17). Um dem Rechnung zu tragen, werden (wie ich meine: bewährte) wissenschaftstheoretisch-methodologische Ideen und Überzeugungen herangezogen, die gleichsam als Messlatte an die im Laufe der Zeit entwickelten Konzepte angelegt werden können.

In inhaltlicher Hinsicht wird die Geschichte des Fachs als Nebeneinander und Abfolge von sogenannten Wissenschaftsprogrammen erzählt. Diese Vorgehensweise verbindet sich mit einer in meinen Augen durchaus wünschenswerten Selektion unter den überaus zahlreichen Wissensbeiträgen, die sich seit mehr als einem Jahrhundert im Fach angesammelt haben oder von außerhalb rezipiert wurden.

Die Konzentration auf Wissenschaftsprogramme, auf relativ umfassende Problemkomplexe also, hat in meinen Augen den weiteren Vorteil, die Geschichte der Disziplin in vergleichsweise gedrängter Form abhandeln zu können. Auf diese Eigenheit wollte ich bereits im Titel aufmerksam machen. Erkennbar (mit-)inspiriert wurde er von Stephen Hawkins »A Brief History of Time«; dies noch in einer weiteren Hinsicht: Ich beanspruche nicht, hier ›die‹ Historie des Fachs schlechthin zu erzählen, sondern wähle, indem von ›einer‹ Geschichte die Rede ist, ganz bewusst den unbestimmten Artikel.

»Eine kurze Geschichte der Betriebswirtschaftslehre« wendet sich, so jedenfalls stelle ich mir dies vor, erstens an Studenten höheren Semesters. Sie könnten es vielleicht als nützlich empfinden, das von ihren verschiedenen akademischen Lehrern an sie herangetragene Wissen in einen größeren historischen Zusammenhang zu bringen und es damit in gewisser Weise zu systematisieren. Zweitens denke ich, dass auch Praktiker von der Lektüre zu profitieren vermögen, speziell dann, wenn sie nach einiger Zeit gestalterischer Tätigkeit den Wunsch empfinden, auf ihr eigenes Studium zurückzublicken und dabei dies und jenes aufzufrischen, was sie dort kennengelernt – oder gegebenenfalls versäumt – haben.

Auch wenn es sich um eine nur kurze Disziplingeschichte handelt – entstanden ist sie über viele Jahre hinweg. Sie basiert maßgeblich auf meinem Beitrag zu der zunächst von F. X. Bea, E. Dichtl und M. Schweitzer, später dann nur noch von F. X. Bea und M. Schweitzer herausgegebenen und zwischen 1983 und 2009 in zahlreichen Auflagen im Verlag Lucius erschienenen »Allgemeinen Betriebswirtschaftslehre«. Ich bedanke mich dafür, dass die überarbeitete und erweiterte Fassung jetzt als eigenständiges Taschenbuch erscheinen konnte.

Göttingen, im Februar 2014
Günther Schanz

Inhalt

1 Einführender Überblick

Die zu erzählende kurze Geschichte der Betriebswirtschaftslehre wird auf unübliche, von den geläufigen Darstellungen der Historie des Fachs abweichende Weise eingeleitet – mit einem **wissenschaftstheoretischen Vorspann**. In inhaltlicher Hinsicht betrifft er Wissenschaft schlechthin. Aus der Fülle der Probleme wissenschaftstheoretisch-methodologischer Natur werden dabei Fragen nach

- den globalen Zielen von Wissenschaft,
- den Objekten wissenschaftstheoretisch-methodologischer Erörterungen in Gestalt von Wissenschaftsprogrammen sowie
- dem Stellenwert von Wissenschaftspluralismus bzw. eines Denkens in Alternativen

herausgegriffen und zu beantworten versucht. Damit lassen sich **Beurteilungskriterien** gewinnen, die – im Vorwort angesprochen – gleichsam als Messlatte auch an betriebswirtschaftliche Wissenschaftsprogramme angelegt werden können und es darüber hinaus erlauben, die Problemsituation des Fachs insgesamt einzuschätzen.

Handelshochschulen, auf die ebenfalls bereits im Vorwort hingewiesen wurde, dienten nicht nur der Vermittlung betriebswirtschaftlichen Wissens, sondern waren auch Forschungsstätten und damit Orte der **Wissensgenerierung**. Dabei lassen sich – und hier kommt das personelle Element von Wissenschaft ins Spiel – **herausragende Fachvertreter** identifizieren, Persönlichkeiten also, die seinerzeit Innovatives und vielleicht auch auf Dauer Bewahrenswertes für die Entwicklung der Disziplin schufen. Unter (vorsichtigem) Bezug auf die Vorstellung von Wissenschaftsprogrammen ist dabei insbesondere an

- *Eugen Schmalenbachs* Verständnis von der **Betriebswirtschaftslehre als Kunstlehre**,
- *Wilhelm Riegers* Entwurf einer **Betriebswirtschaftslehre als ›theoretische‹ Wissenschaft** und
- *Heinrich Nicklischs* Drängen auf eine **Betriebswirtschaftslehre als ethisch-normative Wissenschaft** zu denken.

Im Weiteren wird der **Wandel der Betriebswirtschaftslehre von disziplinärer Abgeschlossenheit zu einem sich interdisziplinär begreifenden Fach** beschrieben. Dieser Entwicklungspfad nimmt in den frühen 1950er Jahren seinen Anfang. Verfolgt werden soll er bis etwa Mitte der 1970er Jahre. Dabei lassen sich ebenfalls drei Ansätze identifizieren, nämlich

- *Erich Gutenbergs* Betriebswirtschaftslehre als **Wissenschaft von der Produktivitätsbeziehung**,
- *Edmund Heinens* sogenannte **entscheidungsorientierte Betriebswirtschaftslehre** sowie schließlich
- *Hans Ulrichs* Ansatz einer **systemorientierten Betriebswirtschaftslehre**.

Im Anschluss daran ist auf zwei Programme einzugehen, die ihre Entstehung einer insbesondere in zeitlicher Hinsicht spezifischen Problemsituation verdanken. Es handelt sich um

- die **Arbeitsorientierte Einzelwirtschaftslehre** und
- eine **ökologisch verpflichtete Betriebswirtschaftslehre**.

Dabei ist erstere von eher episodischem Interesse, verdient aus historischer Sicht aber nach wie vor Beachtung. In diesem Zusammenhang bietet es sich ferner an, kurz auf **alternativwirtschaftliche Ansätze** einzugehen, wie sie seinerzeit eine gewisse Rolle spielten. Eindeutig von fortdauernder Bedeutung ist die ökologische Thematik, die im Fach etwa seit Beginn der 1980er Jahre erfolgte.

Zur Darstellung kommen schließlich zwei Entwürfe, von denen der eine den Anspruch erhebt, die Begrenztheit der traditionellen neoklassischen Denktradition durch **Berücksichtigung der institutionellen Voraussetzungen und Folgen des Wirtschaftens** zu überwinden. Der andere sucht die disziplinäre Begrenztheit des Fachs durch dessen **systematische Integration in die Sozialwissenschaft** zu überwinden. Im Einzelnen handelt es sich um

- den **Neuen Institutionalismus** sowie
- die **verhaltenstheoretische Betriebswirtschaftslehre**,

und wenn diese beiden Ansätze in eine gliederungslogische Beziehung gebracht werden, so geschieht dies zugleich in der Absicht, neben den Unterschieden, die zwischen ihnen bestehen, auch ihre (nicht auf den ersten Blick erkennbaren) **Gemeinsamkeiten** herauszuarbeiten.

Das **Nachwort** bietet Gelegenheit, unabhängig von einem direkten Bezug zu Wissenschaftsprogrammen einigen allgemeinen Entwicklungstendenzen der Betriebswirtschaftslehre nachzugehen und sie in sowohl kritischer als auch konstruktiver Absicht zu kommentieren. Ferner wird dort dem Stellenwert unternehmensethischer Fragestellungen nachgegangen und für die Berücksichtigung von Erkenntnissen neurowissenschaftlicher Provinienz geworben.

2 Wissenschaftstheoretische Grundlagen

Fragen, die sich – wie angekündigt – auf mögliche Wissenschaftsziele, auf charakteristische Merkmale von Wissenschaftsprogrammen und auf das Für und Wider von Wissenschaftspluralismus richten, reichen über die Betriebswirtschaftslehre weit hinaus. Sie stellen sich der Wissenschaft insgesamt, die im Rahmen **wissenschaftstheoretischer** bzw. **methodologischer Erörterungen** damit selbst zum Reflexionsobjekt wird. Hier zunächst eine Begriffsbestimmung:

> Die **Wissenschaftstheorie** – auch Wissenschaftslehre oder im engeren Sinn als Methodologie bezeichnet – ist ein **Teilgebiet der Erkenntnislehre.** Ihr Gegenstand ist die Wissenschaft selbst bzw. sind die in den verschiedenen wissenschaftlichen Disziplinen erzielten Ergebnisse und die dabei zur Anwendung kommenden Methoden. Indem sie Möglichkeiten einer rationalen Vorgehensweise in den Wissenschaften aufzeigt, stellt sie eine **Technologie des (zweckmäßigen) Problemlösungsverhaltens** dar.

2.1 Globale Wissenschaftsziele

Unbeschadet aller Unterschiede im Detail scheinen für sämtliche Wissenschaften zwei globale Zielsetzungen charakteristisch zu sein. Die eine leitet sich letzten Endes daraus ab, dass der Mensch ein hochentwickeltes **Neugierwesen** ist; ein Wesen, das »etwas tut, um etwas zu **erfahren**« (Lorenz [Weltbild] 75; Hervorh. im Orig.). Die andere hat mit seinem **Streben nach Lageverbesserung** zu tun, und es darf begründet vermutet werden, dass es zwischen Neugierverhalten und Streben nach Lageverbesserung gewisse Zusammenhänge gibt. Gemünzt auf die Zielsetzungen der Wissenschaft heißt dies:

Die intellektuelle Neugier, die Wissbegierde bzw. der Wissensdurst des Menschen ist Ausdruck seines **Erkenntnisinteresses**, das sich, gelegentlich zumindest, in Erkenntniswachstum und Erkenntnisfortschritt niederschlägt (**kognitives Wissenschaftsziel**).

Ferner sind Menschen fortwährend mit Problemen der Lebensbewältigung befasst. Soweit Wissenschaft dazu einen Beitrag leistet, kann von einem **Gestaltungsinteresse** gesprochen werden (**praktisches Wissenschaftsziel**).

2.1.1 Suche nach wissenschaftlichen Erklärungen: Das kognitive Ziel

Die Vorstellung, dass es so etwas wie ein **Erkennen um des Erkennens willen** gibt, dürfte vielfach auf Befremden stoßen. Für das Wissenschaftsverständnis im antiken Griechenland war sie hingegen eine Selbstverständlichkeit. Wenn man bedenkt, dass die damalige Wissenschaftsauffassung unser heutiges – von wissenschaftlichen Erkenntnissen und Anwendungen durch und durch beherrschtes – Weltbild weitestgehend geprägt hat, dann zeigt sich, dass dem kognitiven Ziel (cognoscere, lat. = erkennen) offensichtlich einige Bedeutung zukommen muss. Gleichzeitig wird sichtbar, dass ein an dieser Idee orientiertes wissenschaftliches Unternehmen kein reiner Selbstzweck sein kann.

Intellektuelle Neugier, die den Hintergrund des kognitiven Wissenschaftsziels bildet, wurzelt im Streben des Menschen nach Erkenntnis und Weltorientierung; sie ist demnach Ausdruck eines speziellen Bedürfnisses (Albert [Erkenntnis] 43).

Das Streben nach wissenschaftlicher Erkenntnis schlägt sich hauptsächlich in **Theorien** nieder. Innerhalb der sog. Wirklichkeitswissenschaften (auch: Erfahrungs-, Real- oder empirische Wissenschaften) sind diese als sprachliche Gebilde zu interpretieren, mit deren Hilfe die strukturellen Eigenschaften bestimmter Realitätsausschnitte erfasst werden sollen.

Ganz in diesem Sinne werden sie gelegentlich mit Netzen verglichen, die Wissenschaftler auswerfen, »um ›die Welt‹ einzufangen – sie zu rationalisieren, zu erklären und zu beherrschen«. In demselben Atemzug wird die Idee des Erkenntniswachstums bzw. des Erkenntnisfortschritts angesprochen: »Wir arbeiten daran, die Maschen des Netzes immer enger zu machen« (Popper [Forschung] 31).

Mittels leistungsfähiger Theorien können reale Phänomene – eine Sonnenfinsternis, Konjunkturzyklen oder, betriebswirtschaftlich sicher bedeutsam, das häufige Fernbleiben vom Arbeitsplatz – erklärt werden. Zu **Erklärungen** benötigt man allerdings nicht lediglich Theorien bzw. theoretische Gesetzmäßigkeiten, sondern auch Wissen um die näheren Umstände des Zustandekommens eines erklärungsbedürftigen Sachverhalts. Letztere werden üblicherweise als Rand-, Anfangs-, Anwendungs- oder Antecedensbedingungen bezeichnet. Zwei **Beispiele** sollen verdeutlichen, was es damit auf sich hat:

Zu betrachten ist zunächst das oben erwähnte Phänomen einer Sonnenfinsternis. Es fällt in den Bereich der Naturwissenschaften und lässt sich (allerdings nur vor dem Hintergrund des heutigen Erkenntnisstandes) besonders einfach erklären. Wir benötigen dazu – verkürzt ausgedrückt – lediglich das erste Kepler'sche Gesetz (»Planeten bewegen sich in Ellipsen, in deren einem Brennpunkt die Sonne steht«) sowie spezielles Wissen um die Position von Erde, Mond und Sonne zu einem bestimmten Zeitpunkt (Randbedingungen).

Das hier ausgewählte Beispiel ist für die Naturwissenschaften allerdings eher atypisch, insbesondere was die damit verbundenen Möglichkeiten von präzisen Voraussagen anbelangt. Es liegt nämlich eine ganz bestimmte, außerordentlich ideale Bedingungskonstellation vor, denn unser Sonnensystem kann als (annähernd) isoliert, stationär und zyklisch gelten. Bei anderen, ebenfalls in den Bereich der Naturwissenschaften fallenden Erklärungen liegt in aller Regel eine wesentlich komplexere Ausgangssituation vor.

Beim zweiten Beispiel soll es um eine Erklärung dafür gehen, worauf das Phänomen des häufigen, nicht krankheitsbedingten Fernbleibens vom Arbeitsplatz zurückgeführt werden kann, um Absentismus also. Es fällt in den betriebswirtschaftlich-sozialwissenschaftlichen Bereich, denn wir haben es mit einer speziellen menschlichen Verhaltensweise zu tun.

Benötigt werden mithin zunächst einmal theoretische Erkenntnisse über menschliches Verhalten. Dabei ist insbesondere an Motivationstheorien zu denken, denn es dürfte einigermaßen plausibel sein, dass Individuen ihrer Arbeit nicht ohne irgendwelche Beweggründe fernbleiben. Ferner muss sich der Blick auf ihre Arbeitssituation richten, weil diese unter Umständen Anlass zu zeitweiliger oder permanenter Unzufriedenheit sein kann. Diese Arbeitssituation – das Betriebsklima, die Merkmale der Tätigkeit, das Entlohnungssystem usw. – stellt dabei das Bündel der Randbedingungen dar. Bereits diese Bemerkungen zeigen, dass es sich um ein reichlich kompliziertes Erklärungsproblem handelt. An dieser Stelle war es daher auch nicht möglich (aber auch nicht nötig), mehr als einige knappe Hinweise auf die in diesem Zusammenhang benötigten Theorien und das ebenfalls erforderliche Wissen um die relevanten näheren Umstände zu geben (vgl. hierzu ausführlich Schanz [Personalwirtschaftslehre] 329 ff.).

Bei beiden Beispielen bildet eine theoretische Gesetzmäßigkeit – im einen Fall das Kepler'sche Gesetz, im anderen ein motivationstheoretisches Prinzip – das logische Band zwischen Randbedingungen und dem zu erklärenden Phänomen. Sie – die theoretische Gesetzmäßigkeit – beschreibt hier wie dort einen **Ursache-Wirkungs-Zusammenhang**.

Trotz ihrer Skizzenhaftigkeit können die beiden Beispiele helfen, die folgende Definition zu verstehen:

> Einen bestimmten Sachverhalt zu **erklären** heißt, ihn aus theoretischen Gesetzmäßigkeiten und gewissen Randbedingungen auf logisch-deduktivem Wege abzuleiten.

Dabei beziehen sich die theoretischen Gesetzmäßigkeiten auf **allgemeine** Tatbestände, also etwa alle denkbaren Himmelskörper und deren Bewegungen im Raum, oder auf von individuellen Motiven gesteuertes Verhalten schlechthin. Dagegen handelt es sich bei den Randbedingungen um **besondere** Sachverhalte, z. B. Positionen **spezieller** Himmelskörper oder die **konkrete** Arbeitssituation eines Individuums.

Gesetzmäßigkeiten und Randbedingungen werden gemeinsam als **Explanans** bezeichnet. Das zu erklärende Phänomen heißt **Explanandum**.

In der einschlägigen Literatur findet sich häufig die folgende, in der Fachliteratur auch als **Hempel-Oppenheim-Schema** bezeichnete Darstellung:

Gesetzmäßigkeiten	$G_1, G_2, G_3 \ldots G_n$	Explanans
Anfangsbedingungen	$A_1, A_2, A_3 \ldots A_m$	
Logische Ableitung	E	Explanandum

Diese (sehr knappen) Bemerkungen zum kognitiven Ziel der Wissenschaft (vgl. hierzu ausführlicher Schanz [Methodologie]) lassen erkennen, dass zwischen der naturwissenschaftlichen und der sozialwissenschaftlichen Vorgehensweise kein prinzipieller Unterschied besteht. Die Gemeinsamkeiten betreffen dabei selbstverständlich die **strategische Ebene**. Hier wie dort kann von einem »Programm der theoretischen Erklärung auf der Basis von Gesetzmäßigkeiten« (Albert [Praxis] 38) gesprochen werden. (Auf der taktischen Ebene ist differenziert vorzugehen; man wird sich der unbelebten Natur beispielsweise nicht mit einer Fragebogenerhebung nähern können.)

Beendet werden sollen die Ausführungen zum kognitiven Ziel mit dem Hinweis, dass (auch noch so bewährte) theoretische Gesetzmäßigkeiten **kein** sicheres Wissen verbürgen. Dies gilt ebenfalls im Hinblick auf die erwähnten Rand- bzw. Anfangsbedingungen, die, weil selbst ›theorieimprägniert‹, als ›unsicher‹ gelten müssen. Wissenschaft, die sich dem Erklärungsziel verschrieben hat, ist also eine **prinzipiell fehlbare Angelegenheit**.

2.1.2 Beherrschung des natürlichen und sozialen Geschehens: Das praktische Ziel

Auf die Funktion der Wissenschaft als ›Helferin‹ oder ›Dienerin‹ der Praxis wird häufig verwiesen. Sie ist im Zusammenhang mit den eingangs erwähnten Problemen der Lebensbewältigung zu sehen. Dabei geht es dann nur sekundär um Erkenntnis. Im Vordergrund steht vielmehr die **Beherrschung** des natürlichen und sozialen Geschehens – womit nichts Martialisches gemeint ist. Die der Wissenschaft zu verdankende **Erweiterung der Einwirkungsmöglichkeiten** hat teilweise zu beträchtlichen Verbesserungen für das einzelne Individuum und für die Menschheit insgesamt geführt. Spätestens unter dem Eindruck der ökologischen Problematik (und nicht nur dieser) ist aber auch mehr und mehr deutlich geworden, dass im Zusammenhang damit zugleich beträchtlicher Schaden entstehen kann.

Auf das natürliche und soziale Geschehen einzuwirken ist selbstverständlich auch ohne (explizite) wissenschaftliche Hilfe möglich. So erfüllt beispielsweise jeder Handwerker gewisse Gestaltungsaufgaben. Er wendet dabei erlernte Fertigkeiten sowie allgemeine Verfahrensregeln an. Zu Veränderungen großen Stils kam es allerdings erst, nachdem die sog. **angewandten Disziplinen**, insbesondere die Ingenieurwissenschaften, eine gewisse Reife erlangt hatten. Die heutige Welt prägen sie in fast unvorstellbarem Umfang.

Es fragt sich, worauf diese Möglichkeiten zurückzuführen sind. Um eine Antwort zu finden, lohnt es sich, einmal zu untersuchen, was in den erwähnten angewandten Wissenschaften eigentlich getan wird: Dort muss, soll die Bezeichnung Sinn haben, zunächst einmal etwas zur Anwendung kommen. Eine angewandte Wissenschaft baut also notwendigerweise auf bereits vorhandenem Wissen auf; auf Wissen, wie es bei der Verfolgung des kognitiven bzw. theoretischen Wissenschaftsziels hervorgebracht wird. Daher ist festzuhalten:

Zwischen dem **kognitiven** und dem **praktischen Ziel** bestehen enge Zusammenhänge. Insbesondere ist davon auszugehen, dass theoretische Erkenntnisse in vielen Fällen eine wesentliche Voraussetzung erfolgreichen Handelns sind.

Es fällt auf, dass diese Verbindung häufig übersehen, mitunter sogar bestritten wird. Das dürfte u. a. auf überhaupt nicht zu leugnende Unterschiede im Hinblick auf die Interessenlage des Theoretikers auf der einen Seite, des Praktikers auf der anderen zurückzuführen sein. Während es dem Ersteren primär um die **Wahrheit** seiner Aussagen über strukturelle Eigenschaften der Realität geht, steht bei Letzterem der (häufig an Effizienzgesichtspunkten orientierte) **praktische Erfolg** im Vordergrund (Bunge [Research II] 126) – das **Funktionieren** von technischen oder sozialen Systemen. Derartige Unterschiede in der Interessenlage sind offenbar dazu angetan, das Verhältnis von Theorie und Praxis bzw. von Erkennen und Handeln häufig in einem unzutreffenden Licht zu sehen (Schanz [Methodologie] 76 ff.).

Innerhalb bestimmter Wissenschaften kommt zusätzlich auch **Beschreibungen** bzw. **Deskriptionen** (Schweitzer [Wissenschaftsziele] 3 f.) beträchtliche Bedeutung zu, so beispielsweise in den wirtschaftswissenschaftlichen Disziplinen. Den vielleicht wichtigsten Niederschlag finden sie hier im **Rechnungswesen**, also in der volkswirtschaftlichen Gesamtrechnung etwa und innerhalb der Betriebswirtschaftslehre als Bilanzierung oder Kosten- und Leistungsrechnung.

Hier wie dort handelt es sich um **Informationssysteme**, mit deren Hilfe wirtschaftlich relevante Vorgänge quantitativ bzw. zahlenmäßig erfasst, für bestimmte Zwecke aufbereitet und ausgewertet werden. Aus dieser sprachlichen Festlegung lässt sich ihre **Darstellungs- bzw. Ermittlungsfunktion** ablesen.

Um Erklärungen im vorangehend dargestellten Sinn handelt es sich nicht. Betriebliche Prozesse etwa werden lediglich auf eine ganz bestimmte, in der Regel hochgradig selektive Weise – zahlenmäßig erfasst etwa in Form von Kosten – abgebildet. Wir erfahren also beispielsweise nichts über die Leistungsmotivation oder die Arbeitszufriedenheit der in einem Unternehmen beschäftigen Mitarbeiter. Insofern handelt es sich beim Rechnungswesen um ein **Beschreibungsmodell**. Halten wir fest:

Beschreibungsmodelle haben eine Darstellungs- bzw. Ermittlungsfunktion. Klassische Beispiele sind das betriebliche und das volkswirtschaftliche Rechnungswesen.

Der Wert derartiger Modelle wird zumindest andeutungsweise erkennbar, wenn man sich den (primären) Zweck des betrieblichen Rechnungswesens vergegenwärtigt: Es handelt sich um ein Hilfsmittel, das für betriebswirtschaftlich relevante Situationsbeurteilungen und Entscheidungen **Informationen** liefert. Damit wird deutlich, dass auch Beschreibungsmodellen im Hinblick auf praktisches Gestalten ein gar nicht hoch genug einzuschätzender Stellenwert zukommen kann. (Mit beabsichtigten oder als Nebeneffekte in Erscheinung tretenden **Verhaltenswirkungen** des Rechnungswesens befasst sich das als zunehmend bedeutsam erkannte Forschungs- und Lehrgebiet des sogenannten **Behavioral Accounting**.)

2.2 Wissenschaftsprogramme als Objekte methodologischer Erörterungen

Wird die Entwicklung einzelner Disziplinen rekonstruiert, dann stellt sich heraus, dass es i. d. R. relativ **umfassende Problemkomplexe** sind, um deren Lösung sich eine mehr oder weniger große Gemeinschaft von Wissenschaftlern arbeitsteilig, vielfach an verschiedenen geographischen Orten und häufig miteinander konkurrierend bemüht. Dabei mag durchaus noch von Theorien gesprochen werden, obwohl sich dieser Begriff eigentlich als zu eng erweist, um die tatsächlichen Verhältnisse angemessen zu beschreiben. Zu denken ist beispielsweise an die Newton'sche Theorie in der Physik, an die sogenannte Erwartungs-Wert-Theorie in der (Sozial-)Psychologie oder an die neoklassische Theorie in der Volkswirtschaftslehre. Faktisch handelt es sich um breit angelegte **Forschungs-, Erkenntnis-** bzw. **Wissenschaftsprogramme**, die folglich auch eine sinnvolle Grundlage methodologischer Betrachtungen darstellen.

Im Mittelpunkt derartiger Programme pflegen, dies gilt es festzuhalten, bestimmte **Leitideen** zu stehen. Zu denken ist etwa an die Gleichgewichtsvorstellung in der erwähnten nationalökonomischen Neoklassik. Bildhaft ausgedrückt kommt ihnen, wie hier zunächst ohne nähere Erläuterung gesagt werden soll, die **Funktion von Wegweisern** zu – womit zugleich die Themen der beiden folgenden Abschnitte angesprochen sind.

2.2.1 Wissenschaftsprogramme als umfassende Problemkomplexe

Die zur Beurteilung wissenschaftlicher Leistungen unabdingbaren methodologischen Erörterungen haben sich lange Zeit zumeist auf Probleme der folgenden Art beschränkt:

- Was sind Hypothesen und Theorien?
- Wie lässt sich feststellen, ob Theorien wahr oder falsch sind?
- Worin unterscheiden sich wissenschaftliche von nicht-wissenschaftlichen Voraussagen?
- Können Theorien die Welt verändern?

So wichtig diese Fragen auch sind: Wenn man bedenkt, dass innerhalb der Einzelwissenschaften die eingangs erwähnten umfassenden Problemkomplexe zur Diskussion stehen, dann wird eine Art Leerstelle innerhalb der Wissenschaftstheorie bzw. Methodologie sichtbar. Auf der Grundlage wissenschaftshistorischer Untersuchungen wurde sie insbesondere von *Thomas S. Kuhn* und *Imre Lakatos* ausgefüllt.

Bekannt geworden ist *Kuhn* vor allem durch eine Studie, die den Titel »Die Struktur wissenschaftlicher Revolutionen« trägt. Sie erschien 1962 und hat in den Folgejahren die methodologische Diskussion außerordentlich stark beeinflusst. In den Wissenschaften, so eine Kernthese des Autors, gibt es Leistungen, »die von einer bestimmten wissenschaftlichen Gemeinschaft eine Zeit lang als Grundlagen für ihre Arbeit anerkannt werden« (Kuhn [Struktur] 28). Das klingt zunächst wenig spektakulär. Erst die anschließenden Präzisierungen machen deutlich, weshalb derartige Leistungen für nachfolgende Wissenschaftlergenerationen die anerkannten Probleme und Methoden eines Forschungsgebietes zu bestimmen vermögen: Sie sind erstens **beispiellos genug**, »um eine beständige Gruppe von Anhängern anzuziehen«, zweitens auch **offen genug**, »um der neu bestimmten Gruppe von Fachleuten alle möglichen Probleme zur Lösung zu überlassen« (Kuhn [Struktur] 28).

Eine wissenschaftliche Leistung, die diese beiden Merkmale aufweist, bezeichnet *Kuhn* als ein **Paradigma**, mit einem Begriff also, der erkennbar mehr als das erfasst, was man üblicherweise unter einer Theorie oder gar unter einer daraus abgeleiteten Zusammenhangsbehauptung in Form einer Hypothese versteht.

Kuhns Analyse basiert auf Beispielen aus dem Bereich der Naturwissenschaften, etwa der Physik oder der Chemie, lässt sich aber auch auf die Situation in Teilen der Wirtschafts- und Sozialwissenschaften übertragen. So wird innerhalb der (Sozial-)Psychologie beispielsweise zwischen einer lerntheoretischen und einer kognitiven Tradition, in der Nationalökonomie traditionell zwischen ›Klassik‹, ›Neoklassik‹ sowie ›Keynesianismus‹ unterschieden. Bei etwas großzügiger Auslegung (bzw., was sich gelegentlich durchaus empfiehlt, wenn kein übertrieben strenger Maßstab angelegt wird) lassen sich auch innerhalb der Betriebswirtschaftslehre Forschungskonzeptionen identifizieren, die die von *Kuhn* formulierten Bedingungen – Attraktivität aufgrund von ›Beispiellosigkeit‹ und ›Offenheit‹ – erfüllen. Oder etwas anders formuliert: Solche Konzeptionen bzw. Wissenschaftsprogramme besitzen eine hohe intellektuelle Anziehungskraft.

Ebenfalls auf die Beurteilung umfassender Problemkomplexe zielt *Lakatos* ([Falsifikation]) mit seiner **Methodologie wissenschaftlicher Forschungsprogramme** ab. Die Nähe zur *Kuhn*'schen Paradigmavorstellung ist unverkennbar, wenn auch etwas andere Schwerpunkte gesetzt werden: Unter einem Forschungsprogramm (hier: Wissenschaftsprogramm) versteht *Lakatos* ganze Theorienfolgen; eine Sichtweise, wie sie sich zur Bewertung kognitiver Leistungen innerhalb mancher Naturwissenschaften offenbar anbietet. Was die Situation der gegenwärtigen Betriebswirtschaftslehre (und vielleicht der Sozialwissenschaften insgesamt) anbelangt, so scheint sie kaum wortgetreu, durchaus aber sinngemäß anwendbar zu sein. Die folgenden Ausführungen sollen zeigen, wie man sich dies vorzustellen hat.

2.2.2 Leitideen als Grundbausteine von Wissenschaftsprogrammen

Wie erwähnt: Im Mittelpunkt von Wissenschaftsprogrammen pflegen gewisse **Leitideen – systemkonstituierende Grundgedanken** gewissermaßen – zu stehen. Für die Beurteilung alternativer Konzeptionen ist dieser Tatbestand insofern bedeutsam, als sie zweckmäßigerweise an deren jeweiligen Leitideen anknüpfen wird.

Die anschaulich-plastische Terminologie von *Imre Lakatos* ([Falsifikation] 129 ff.) aufgreifend kann von den »harten Kernen« eines Wissenschaftsprogramms gesprochen werden. Sie, die „harten Kerne", bilden mithin die zentralen und insofern wichtigsten Bestandteile von Wissenschaftsprogrammen (zu Folgendem vgl. ausführlicher Schanz [Grundlagen] 15 ff.). Dabei muss es sich – auch innerhalb von Real- bzw. Wirklichkeitswissenschaften – keineswegs immer nur um bereits ausgefeilte, gut bewährte Theorien handeln. Ihre Bedeutung besteht gelegentlich darin, dass sie als die erwähnten Wegweiser bzw. als **Heuristik** fungieren. Kurz:

Leitideen sind als **Forschungsdirektiven** zu interpretieren. Sie geben Hinweise auf das strategische Vorgehen und regen dazu an, weiterführende Fragen zu stellen. Insofern kommt ihnen eine heuristische Funktion zu.

Leitideen und die ihnen innewohnenden heuristischen Potenziale lenken ferner den Blick auf empirisches Material, das zunächst vielleicht gar nicht zur Kenntnis genommen wurde oder völlig unstrukturiert erschien. Indem sie unter Umständen auf ansonsten nicht ohne Weiteres erkennbare Gestaltungsmöglichkeiten aufmerksam machen, können sie auch in praktischer Hinsicht bedeutsam sein, ein Tatbestand, dem im Hinblick auf die Betriebswirtschaftslehre zweifellos einige Bedeutung zukommt.

Leitideen wohnt allerdings auch **Ambivalenz** inne: In einem gewissen Sinn und bildhaft ausgedrückt wirken sie nämlich auch als **Scheuklappen**, denn das wissenschaftliche Interesse (und die davon angeregte Praxis) wird ja in eine ganz bestimmte Richtung gelenkt, während andere mögliche Perspektiven damit gar nicht erst ins Blickfeld geraten (können). Angesichts dieses Tatbestandes ergibt sich offensichtlich eine Art **Legitimationsproblem**. Es sollte, mit anderen Worten, sorgfältig begründet werden, weshalb dem einem Wissenschaftsprogramm zugrunde liegenden Leitideen gefolgt wird und wo ihre Leistungsfähigkeit liegt oder zu vermuten ist.

Bereits an dieser Stelle festzuhalten ist, dass Leitideen in wissenschaftstheoretischer Hinsicht einen **unterschiedlichen Status** haben können. Besondere Bedeutung kommt dabei der Unterscheidung zwischen methodologischen und inhaltlichen Leitideen zu. Sie können darüber hinaus aber auch, wie sich später zeigen wird, metaphysischer, praktischer oder (sozial-)philosophischer Art sein (→ hierzu ausführlich Abschn. 3.4.2). – Vertraut zu machen ist ferner mit dem Umstand, dass Leitideen in der Forschungspraxis keineswegs immer auch explizit artikuliert werden.

Mitunter – und dies ist vielleicht sogar eher die Regel – wird ihnen lediglich **implizit** gefolgt. In solchen Fällen geht es darum, ihren prägenden Einfluss durch **Rekonstruktion** herauszuarbeiten.

2.3 Pluralismus als Merkmal lebendiger Wissenschaft

Wenn von **Pluralismus** die Rede ist, so hat man damit meist ein politisches Programm im Sinn. Es wird beispielsweise von einer pluralistischen Gesellschaft gesprochen, für die charakteristisch ist, dass sich ihre Mitglieder für unterschiedliche Lebensweisen entscheiden können – wenn auch innerhalb gewisser Grenzen.

Taugt Pluralismus aber auch für den Bereich der wissenschaftlichen Erkenntnis? Der Antwort auf diese Frage kommt nicht zuletzt deshalb einige Bedeutung zu, weil vielfach geglaubt wird, die vornehmste Aufgabe der Wissenschaft würde darin bestehen, absolute und unverbrüchliche **Wahrheiten** zu finden – wie schwer dies im Einzelnen auch sein mag. Läuft im Unterschied zu dieser Zielsetzung ein pluralistisches Erkenntnismodell nicht auf einen erkenntnistheoretischen Relativismus hinaus, der Wahrheit – und dies wäre schwerlich hinnehmbar – zur bloß subjektiven Angelegenheit macht?

2.3.1 Eine differenzierte Verteidigung des pluralistischen Wissenschaftsbetriebs

Bei der im Weiteren beabsichtigten Verteidigung des Pluralismus ist es nützlich, sich eingangs zu vergegenwärtigen, dass die Ergebnisse der Wissenschaft zutiefst **menschliche Leistungen** sind. Dieser Gedanke liefert nämlich, so trivial er im ersten Moment vielleicht erscheinen mag, eine Rechtfertigung für einen wohlverstandenen Pluralismus im Erkenntnisbereich. Formulieren wir es so:

Menschliche Leistungen sind von **Irrtümern** durchsetzt; die Geschichte der Wissenschaft ist in letzter Konsequenz sogar eine Abfolge von (mitunter allerdings ausgesprochen anregenden) unzutreffenden Vorstellungen.

Die Wissenschaftsgeschichte zeigt nun, dass sich bei Anwendung geeigneter methodologischer Regeln Irrtümer lokalisieren und vielfach auch korrigieren lassen. Dies wiederum kann besonders wirksam mithilfe eines alternativen Standpunktes – ggf. eines alternativen Wissenschaftsprogramms – erfolgen, der bzw. das die Schwächen der ursprünglichen Auffassung aufzeigt und vielleicht eine bessere Erklärungsvariante anzubieten hat. *Paul K. Feyerabend*, der wohl engagierteste Verteidiger des Pluralismus, hat dafür einen einprägsamen Nenner formuliert, der auch die **ethische Dimension** von Wissenschaftspluralismus ins Spiel bringt (Feyerabend [Methodenzwang] 68):

> »Für die objektive Erkenntnis brauchen wir viele verschiedene Ideen. Und eine Methode, die die Vielfalt fördert, ist auch als Einzige mit einer humanistischen Auffassung vereinbar.«

Wissenschaft hat, wie oben gesagt wurde, sehr viel damit zu tun, Irrtümer zu entdecken und zu korrigieren. Insofern kann es auch nicht bei der Aufforderung bleiben, innerhalb eines Wissenschaftsbereichs möglichst viele alternative Standpunkte, Theorien oder Programme umfassender Art zu entwickeln. So problematisch es auf der einen Seite wäre, würde eine wissenschaftliche Disziplin von einem einzigen Paradigma ›beherrscht‹, so fragwürdig müsste auch das andere Extrem – ein unverbindliches Nebeneinander mehrerer Ansätze – erscheinen. Im ersten Fall würde es sich um ein **Dogma**, im zweiten um **Dogmenpluralismus** handeln; der Unterschied wäre also gar nicht besonders groß. Friedliche Koexistenz mag eine sinnvolle politische Direktive sein. In einer lebendigen Wissenschaft gelten andere Regeln.

Der nicht verteidigungswürdigen Spielart des Pluralismus mangelt es offenbar an dem, was – abermals mit Hilfe einer Metapher illustriert – so manche Suppe erst schmackhaft macht: an Salz. Innerhalb der Wissenschaft spielt **Kritik** die Rolle des Salzes, hier speziell in Form eines ›Aneinanderreibens‹ verschiedener Konzeptionen. Zu fordern ist folglich:

> Wissenschaft sollte als **aktive Ideenkonkurrenz** – ›konkurrenzpluralistisch‹ also – organisiert sein.

Wird der Leitlinie des Konkurrenzpluralismus gefolgt, so hat dies zwangsläufig auch gewisse Konsequenzen für das weitere Vorgehen. Wer ihr das Wort redet, der sollte sich nicht scheuen, sie selbst zu praktizieren. Die einzelnen betriebswirtschaftlichen Wissenschaftsprogramme werden daher später nicht einfach nebeneinandergestellt. Vielmehr sind, wo dies erforderlich erscheint, auch kritische Kommentare vorgesehen. Dabei ist freilich Augenmaß erforderlich. Auf zu viel Salz in der Suppe reagieren unsere Geschmacksnerven bekanntlich empfindlich; maßlose, über das Ziel hinausschießende Kritik ist nämlich dazu angetan, den Kommunikationszusammenhang in einer Wissenschaft empfindlich zu stören. Mit anderen Worten: Das hinter Kritik stehende konstruktive Anliegen sollte jederzeit erkennbar sein und auch hinreichend deutlich artikuliert werden – wobei die Urteile, was (noch) konstruktive Kritik ist, gelegentlich durchaus unterschiedlich ausfallen können.

2.3.2 Spielregeln der Wissenschaft in ideenpluralistischer Perspektive

Der Gedanke, dass Wissenschaft als ein ›Spiel‹ interpretiert werden kann, ist im ersten Moment vermutlich gewöhnungsbedürftig. Aber er ist naheliegend und wird hier in Analogie zu anderen Spielen eingeführt, an denen wir – aktiv als Mitspieler, passiv als Zuschauer – teilnehmen.

Warum ist es durchaus naheliegend, Wissenschaft im hier diskutierten Zusammenhang als Spiel zu interpretieren? Nun, Spiele jedweder Art pflegen einem ihnen eigenen spezifischen Muster zu folgen. Ihr Gepräge und vielfach auch ihren Reiz gewinnen sie insbesondere aus den **Regeln**, die von den an ihnen aktiv oder passiv Teilnehmenden zu beachten sind: das Abseits beim Fußball, der Tiebreak beim Tennis oder die verschiedenen Zugvarianten beim Schach sind Beispiele, die dies erkennen lassen. In vielen Fällen wachen Schiedsrichter darüber, dass Spiele regelkonform verlaufen.

Auch das Wissenschaftsspiel ist hochgradig regelgeleitet; man denke etwa an Normen oder Standards, von denen erwartet wird, dass sie bei empirischen Untersuchungen eingehalten werden. Und auch hier gibt es Schiedsrichter, etwa Gutachter, die darüber entscheiden, ob Forschungsergebnisse in einer Fachzeitschrift publiziert werden. Gleichzeitig ist aber auch unverkennbar, dass die Spielregeln hier in mancherlei Hinsicht weniger verbindlich sind als innerhalb der oben als Beispiele genannten Sportarten.

Der letzte Gedanke muss an dieser Stelle nicht weiter verfolgt werden. Stattdessen ist der Frage nachzugehen, welchen Spielregeln speziell das **ideenpluralistische Wissenschaftsspiel** zu gehorchen hat, dessen Vorzugswürdigkeit vorangehend zu belegen versucht wurde. *Helmut F. Spinner* hat sie in bestechender Kürze wie folgt formuliert (Spinner [Pluralismus] 32 f.):

- Dem Aufkommen neuer Ideen sind keine Hindernisse in den Weg zu legen; dieses ist vielmehr systematisch zu begünstigen (**Prinzip der Proliferation**).
- Der Ideenpluralismus ist als Ideenkonkurrenz zu organisieren (**Kritikprinzip**).
- Ideen, die den Erkenntnisfortschritt hemmen, weil sie ihre heuristische bzw. empirische Kraft verloren haben, sind auszusondern (**Prinzip der Elimination**).
- Junge, theoretisch bislang wenig ausgereifte, allerdings noch entwicklungsfähige Entwürfe bedürfen eines besonderen Schutzes (**Prinzip des Sonderschutzes für junge Ideen**).
- Auch ältere, momentan wenig überzeugend erscheinende Ansätze sind schutzbedürftig, denn die Wissenschaftsgeschichte hält Beispiele für überraschende Renaissancen parat (**Prinzip der Bewahrung**).
- Alleinvertretungsansprüche sind für den Erkenntnisfortschritt schädlich. Das momentane Fehlen von Alternativen darf nicht als besondere Stärke eines gerade ›herrschenden‹ Ansatzes gelten.

Dieser idealtypischen Beschreibung kann zusätzlich entnommen werden, dass die für den Konkurrenzpluralismus charakteristischen Spielregeln eine bestimmte **Ethik der Wissenschaft** begründen, der im Wissenschaftsalltag zu folgen keine ganz einfache Angelegenheit ist. Speziell im Hinblick auf umfassende Wissenschaftsprogramme wird es sich beispielsweise als ausgesprochen schwierig erweisen, dem oben aufgeführten Eliminationsprinzip konsequent zu folgen und sie folglich aus dem weiteren Wissenschaftsbetrieb auszusondern. Die Geschichte der Wissenschaften zeigt aber auch, dass Derartiges nicht unmöglich ist. Bekanntlich sind wir alle genötigt, nach *Kopernikus* die Welt, in der wir leben, mit anderen Augen zu sehen, als dies vorher üblich war. Die Entdeckung des Sauerstoffs durch *Lavoisier* hatte ähnlich umfassende, wenngleich weniger direkt spürbare Konsequenzen. Warum sollte es beispielsweise also nicht möglich sein, die in Teilbereichen der Wirtschaftswissenschaft zumindest implizit nach wie vor fest verankerte Vorstellung von einem speziellen Bild des Wirtschaftsmenschen, vom *homo oeconomicus* also, allmählich zu überwinden und durch ein adäquateres Menschenbild zu ersetzen? Wir werden uns damit später noch ausführlicher zu befassen haben...

Damit ist gleichzeitig von allgemeinen methodologischen Erörterungen zu speziellen Problemen der Betriebswirtschaftslehre und den hier anzutreffenden Wissenschaftsprogrammen übergeleitet. Der ›Ausflug ins Allgemeine‹ war allerdings notwendig, denn die Methodologie liefert Kriterien zur Beurteilung dessen, was in der bisherigen Geschichte der Disziplin – wohlgemerkt: seit Gründung der ersten Handelshochschulen – an Resultaten in Gestalt von vergleichsweise umfassenden Ansätzen hervorgebracht wurde.

Abzuschließen sind die allgemeinen Betrachtungen mit einem **wissenschaftssoziologischen Aspekt**: Man sollte sich vor der naiven Annahme hüten, im Wissenschaftsbetrieb – sei es in der Betriebswirtschaftslehre oder in jeder anderen Disziplin – würde sich gleichsam automatisch die leistungsfähigste Konzeption durchsetzen. Das darwinistische Prinzip der natürlichen Auslese, das mit einiger Berechtigung (zumindest in abgewandelter Form) auch auf den Erkenntnisbereich angewandt werden kann, gibt bekanntlich nicht der am höchsten entwickelten, sondern der **am besten angepassten** Species die größten Durchsetzungschancen im Wettbewerb der Arten. Im Wettbewerb der Ideen verhält es sich ganz ähnlich. So erscheint es durchaus möglich, dass das am besten angepasste Programm – aus welchen Gründen auch immer – zumindest zeitweilig ein ausgesprochener Kompromisskandidat ist, der auf längere Sicht für den Fortschritt der Erkenntnis oder des Gestaltens hinderliche Einseitigkeiten aufweist. Die methodologische Weihe kann diesem wissenschaftssoziologischen Tatbestand, der im Hinblick auf die Betriebswirtschaftslehre übrigens noch einer literarischen Aufarbeitung harrt, allerdings aus guten Gründen und besten Gewissens verweigert werden!

3 Rekonstruktion betriebswirtschaftlicher Wissenschaftsprogramme

Nach diesem das Weitere vorbereitenden Einblick in die Wissenschaftstheorie rückt nun die Betriebswirtschaftslehre in den Mittelpunkt. Die Darstellung versteht sich als (kurz gefasste) **Geschichte ihrer Wissenschaftsprogramme**. Der Leser sollte berücksichtigen, dass dabei nicht die übliche Form der historischen Abhandlung gewählt wird. Vielmehr handelt es sich um **Rekonstruktionen**, die primär darauf abzielen, die für die vorangehend erwähnten Ansätze charakteristischen Leitideen herauszuarbeiten und zu kommentieren. Gelegentlich werden auch einige Ergänzungen vorgenommen.

3.1 Herausragende Wegbereiter

In der frühen Geschichte der Disziplin – wie ausgeführt wollen wir sie mit der Gründung der ersten Handelshochschulen beginnen lassen – hat es eine Reihe von Fachvertretern gegeben, deren wissenschaftliches Werk besonders einflussreich war und die damit, direkt oder indirekt, auch die gegenwärtige Betriebswirtschaftslehre und ihre Wissenschaftsprogramme beeinflusst haben; dies mitunter auch dadurch, dass sie Anlass zur Entwicklung alternativer Standpunkte waren.

Als solchermaßen herausragende Wegbereiter können insbesondere

- *Eugen Schmalenbach* (1873–1955),
- *Wilhelm Rieger* (1878–1971) und
- *Heinrich Nicklisch* (1876–1946)

gelten, deren methodologische und inhaltliche Vorstellungen von den Konturen des Fachs es im Folgenden zu skizzieren gilt. Der Reiz dieser Gegenüberstellung ergibt sich nicht zuletzt auch daraus, dass es sich um Sichtweisen handelt, die – nicht untypisch für eine im Entstehen begriffene Wissenschaft – zu heftigen Kontroversen führten. Insofern ist der Betriebswirtschaftslehre zu bescheinigen, dass sie sich von Anfang an als lebendige, Kontroversen nicht scheuende Wissenschaft präsentiert hat.

Als Hinleitung zu den heftigen, teilweise ausgesprochen leidenschaftlich ausgetragenen Diskussionen, die vor mittlerweile mehr als 100 Jahren begonnen haben, erscheint eine von *Erich Gutenberg* geäußerte Einschätzung der damaligen Situation besonders geeignet: Im Rückblick auf seinen eigenen wissenschaftlichen Werdegang hat er, auf dessen Werk später ausführlich zurückzukommen sein wird (→ Abschn. 3.2.1), speziell die erste Hälfte der 1920er Jahre als eine Epoche bezeichnet, in der »die wissenschaftlichen Fundamente für die Disziplin gelegt« wurden und die Betriebswirtschaftslehre »zu sich selbst als Wissenschaft gefunden« (Gutenberg [Unternehmung] 18) hat. Das Dreigestirn *Schmalenbach-Rieger-Nicklisch* verdient hierbei – nicht zuletzt wegen der mit diesen Namen verbundenen kontroversen methodologischen und inhaltlichen Vorstellungen von der Ausrichtung des Fachs – besondere Beachtung.

3.1.1 Eugen Schmalenbach: Betriebswirtschaftslehre als Kunstlehre und die Idee der Wirtschaftlichkeit

Genau genommen ist es in begrifflicher Hinsicht nicht richtig, die mit der Gründung von Handelshochschulen entstandene Disziplin als ›Betriebswirtschaftslehre‹ zu bezeichnen. In Aachen, Leipzig oder Wien, kurze Zeit später dann auch andernorts, wurde nämlich ›Handelsbetriebslehre‹ gelehrt – wie dies die Bezeichnung der seinerzeit entstandenen akademischen Institutionen ja auch signalisierte. Mit dem ursprünglichen Namen hatte es insofern seine Richtigkeit, als die Probleme der industriellen Produktion – nach wie vor ein Kernbereich der heutigen Disziplin – in dem neuen Fach zunächst keine Rolle spielten bzw. die man eher der Zuständigkeit der Ingenieurwissenschaften zuzurechnen pflegte.

Diese Probleme wurden erst geraume Zeit später von *Eugen Schmalenbach* einbezogen. Verbunden war dies mit einer »erhebliche(n) Verschiebung der Grundbegriffe« (Hundt [Theoriegeschichte] 42). Allerdings erfolgte dabei nicht einfach eine Umbenennung von ›Handelsbetriebslehre‹ in ›Betriebswirtschaftslehre‹, denn zwischenzeitlich hatte sich die Bezeichnung ›Privatwirtschaftslehre‹ – wir kommen darauf zurück – eingebürgert. Auch unter Berücksichtigung dessen lässt sich hier zunächst festhalten:

Eugen Schmalenbach kann als **Begründer der Betriebswirtschaftslehre** im engeren Sinn gelten. Er war es auch, der dem Fach seinen heutigen Namen gab.

Eugen Schmalenbach
(1873–1955)

Unbeschadet seiner gar nicht hoch genug einzuschätzenden Verdienste um das Fach ist eingangs anzumerken, dass *Eugen Schmalenbach* kein besonders systematisches Werk hinterlassen hat. Er war, wie man heute wohl sagen würde, in erster Linie Pragmatiker mit einem breit gefächerten Interessenspektrum. Sein Denken und Schreiben betraf die Problemkomplexe Bilanzierung, Finanzierung und Kostenrechnung; später dann Fragen der Betriebsleitung und Betriebsorganisation sowie der Wirtschaftsordnung. Dabei lag ihm, so nachzulesen in einer ihm gewidmeten Gedenkschrift, »weder daran, ein geschlossenes System zu entwickeln, […] noch daran, eine allgemeine Theorie zu finden […]« (Kruk/Potthoff/Sieben [Schmalenbach] 280).

Gleichsam unverrückbare Überzeugungen liegen dem Werk *Schmalenbachs* gleichwohl zugrunde. Hier als Leitideen interpretiert, sind es die folgenden:

Die erste Leitidee ist *Schmalenbachs* Auffassung, die Betriebswirtschaftslehre müsse als sog. **Kunstlehre** betrieben werden. Dies ist eine grundlegende methodologische Vorstellung. Der zweite Leitgedanke bezieht sich auf einen inhaltlichen Sachverhalt. Es handelt sich um die **Idee der Wirtschaftlichkeit**.

Betriebswirtschaftslehre als Kunstlehre und erster Methodenstreit

Im Jahre 1912 veröffentlichte *Schmalenbach* einen Aufsatz mit dem (ausgesprochen) programmatischen Titel »Die Privatwirtschaftslehre als Kunstlehre«. Ihm ist zunächst zu entnehmen, dass die ursprüngliche Disziplinbezeichnung (›Handelsbetriebslehre‹) sich zwischenzeitlich offensichtlich als veränderungsbedürftig erwiesen hatte; ferner, dass der spätere Name – ›Betriebswirtschaftslehre‹ also – sich noch nicht eingebürgert hatte. Bedeutsamer für uns sind allerdings die in diesem Aufsatz behandelten grundsätzlichen Fragen.

Es handelt sich um eine Streitschrift, in der sich *Schmalenbach* vornehmlich mit der von den beiden Nationalökonomen *Weyermann* und *Schönitz* ([Grundlegung]) verfassten Studie über »Grundlegung und Systematik einer wissenschaftlichen Privatwirtschaftslehre und ihre Pflege an Universitäten und Fachhochschulen« beschäftigte. Im Kern ging es, ohne dass dem an dieser Stelle ausführlicher nachgegangen werden muss, um die Abgrenzung des Fachs von ihrer wesentlich älteren Schwesterdisziplin, der Volkswirtschaftslehre also. In die Geschichte der Disziplin ist diese Auseinandersetzung als **erster Methodenstreit** eingegangen. Dabei hat es zunächst den Anschein, dass in dieser Auseinandersetzung eine Frage zur Debatte stand, die heute keinen Diskussionsstoff mehr liefert: Ist die Disziplin als **Wissenschaft** oder als **Kunstlehre** zu konzipieren?

Um den Hintergrund des von *Schmalenbach* mit Vehemenz vorgetragenen Anliegens zu verstehen, hat man sich zunächst zu vergegenwärtigen, was ›Wissenschaft‹ für ihn bedeutete und worin er den Gegensatz zur ›Kunstlehre‹ sah. Erstere sei **philosophisch**, Letztere dagegen **technologisch** orientiert. Noch genauer: »Die ›Kunstlehre‹ gibt Verfahrensregeln, die

›Wissenschaft‹ gibt sie nicht« (Schmalenbach [Kunstlehre] 491). Und an anderer Stelle heißt es: »Ich misstraue den sogenannten Wissenschaften; sie verlassen sich auf die Vollkommenheit des menschlichen Geistes, und es ist nicht weit her mit diesem Geiste. Wo man eine Kunstlehre neben der Wissenschaft hat, da ist die Kunstlehre sicherer und vertrauenerweckender« (Schmalenbach [Kunstlehre] 496).

Schmalenbachs Distanz zu der von ihm gemeinten ›Wissenschaft‹ lässt sich übrigens auch mit dem sein Gesamtwerk durchziehenden inhaltlichen Leitgedanken in Zusammenhang bringen: Eine nicht als Kunstlehre konzipierte Disziplin würde, so seine Argumentation, der Erfüllung des zentralen Anliegens im Wege stehen, »in welcher Weise ein wirtschaftlicher Erfolg mit möglichst geringer Aufwendung wirtschaftlicher Werte erreicht wird« (Schmalenbach [Kunstlehre] 494). In dieser Formulierung begegnet uns nichts anderes als die im Anschluss zu betrachtende **Idee der Wirtschaftlichkeit**.

Aus heutiger Sicht erscheint *Schmalenbach*s Gegenüberstellung der abweichenden Anliegen von Wissenschaft und Kunstlehre wenig glücklich. Sie entspricht nicht dem heutigen Verständnis von Wissenschaft; von einer Kunstlehre ist längst überhaupt nicht mehr die Rede. Aber vor dem Hintergrund der damaligen Problemsituation stellt sich dies natürlich anders dar.

Dem kann dadurch Rechnung getragen werden, dass man in *Schmalenbach* den vehementen Befürworter einer dezidiert **praxisorientierten Betriebswirtschaftslehre** erblickt. Wenn er seinerzeit mit Nachdruck darauf bestand, die Kunstlehre sei technologisch orientiert, so spricht dies für eine solche Interpretation – was allerdings keinesfalls heißt, dass Schmalenbach gelegentlich nicht auch als Theoretiker in Erscheinung getreten wäre. Allein aus seiner Abneigung gegen eine ›reine‹, von der Praxis abgehobene ›Theorie‹ machte er nie einen Hehl. Wohl gerade deshalb ist sein Name, so nachzulesen in der bereits erwähnten Gedenkschrift, »zum Markenzeichen für ein fruchtbares Wechselspiel zwischen Theorie und Praxis geworden« (Kruk/Potthoff/Sieben [Schmalenbach] 279). Ob man dem uneingeschränkt zuzustimmen vermag, soll hier dahingestellt bleiben. Zutreffend ist indes, dass *Schmalenbach* theoretischen Überlegungen gewiss keine grundsätzliche Absage erteilte.

Um den engen Zusammenhang zwischen (erfahrungswissenschaftlicher) Theorie und Technologie zu durchschauen, stand ihm – auch dies ist zu berücksichtigen – seinerzeit, also um das Jahr 1912 herum, noch nicht das hierfür nützliche methodologische Instrumentarium zur Verfügung. Ferner fehlte es damals natürlich auch weitgehend an technologisch verwertbarem Wissen theoretischer Art. Auch das ist Teil des Hintergrundes, vor dem *Schmalenbach*s schroffe Gegenüberstellung von Wissenschaft auf der einen Seite, Kunstlehre auf der anderen wohl gesehen werden muss.

Die Idee der Wirtschaftlichkeit

Als inhaltlicher Leitgedanke *Schmalenbach*s kann die bereits erwähnte Idee der Wirtschaftlichkeit in Form des **Prinzips einer möglichst sparsamen Mittelverwendung** gelten, eine Vorstellung also, die üblicherweise als typisch ökonomisch bezeichnet wird. Die aus heutiger Sicht geradezu intuitive Plausibilität dieser Idee sollte jedoch nicht darüber hinwegtäuschen, dass ihr in der damaligen Situation recht weitreichende Bedeutung zukam, stellte sie doch einen Bruch mit der seinerzeit vorherrschenden Sichtweise dar. Betroffen war davon u. a. die im ersten Moment als reines begriffliches Problem erscheinende Frage, ob das Interesse der Disziplin dem Betrieb oder dem Unternehmen zu gelten habe. Dass es dabei um einiges mehr ging, zeigt indes *Schmalenbach*s in einer anderen Veröffentlichung gemachte programmatische Äußerung, ihn interessiere »die Fabrik als Fabrik (sprich: der Betrieb als Betrieb) und nicht als Veranstaltung eines Unternehmers« (Schmalenbach [Wirtschaftslehre] 319), und die Stoßrichtung dieser Feststellung wird vor dem historischen Hintergrund verständlich. Aus der folgenden Passage kann entnommen werden, wie man sich diesen vorzustellen hat:

> »Bislang herrschte eine relativ unproblematische Betrachtungsweise vor, die ein Unternehmen eines Unternehmers als klar umrissene und juristisch fixierte Kapitaleinheit auffasste; im Unternehmen wurde produziert, und die Produkte wurden verkauft, um auf das eingesetzte Kapital einen möglichst hohen Gewinn zu erzielen: das Unternehmen als Geldfabrik. Der Betrieb dagegen galt als technische Einheit, die sich, besonders in der Industrie, als Werkstatt, Fabrik, Werk usw., au-

> genfällig als etwas von der Kapitaleinheit Verschiedenes abhob. Die Einheit von Unternehmen und Betrieb warf auch keine Probleme auf: Der Betrieb war der Kapitalverwertung untergeordnet; oder der kaufmännische Gesichtspunkt dominierte den technischen.« (Hundt [Theoriegeschichte] 49)

Schmalenbach löste mithin den Betrieb vom Unternehmen bzw. seinem Eigner. An die Seite des technischen trat folglich der wirtschaftliche Betrieb. Konsequenterweise lehnte er fortan auch den Namen ›Privatwirtschaftslehre‹ ab und hielt es – wir wissen es schon – für angemessen, das Fach stattdessen als ›Betriebswirtschaftslehre‹ zu bezeichnen.

Festzustellen bleibt schließlich, dass der Schwerpunkt dieses frühen Ansatzes eindeutig bei der **Beschreibung** bzw. **Deskription** (im Sinne der Ausführung in → Abschn. 2.1.2) liegt. Das zeigt sich insbesondere darin, dass dem Altmeister des Fachs zahlreiche, in ihrer Bedeutung kaum hoch genug einzuschätzende Anstöße für die **Entwicklung des betrieblichen Rechnungswesens** zu verdanken sind. Differenzierungen zwischen Ausgaben, Aufwand und Kosten (bzw. Einnahmen, Ertrag und Leistungen), wie sie heute selbstverständlich geworden sind, gehen auf ihn zurück bzw. sind mit seinem Namen untrennbar verbunden.

Dasselbe gilt für weitere Unterscheidungen, etwa zwischen fixen und variablen Kosten, ferner für die (durchaus moderne) Idee der betrieblichen Steuerung mithilfe von sog. Verrechnungspreisen. Mit alledem wurden Beiträge geleistet, die nicht nur für den Wissenschaftshistoriker von Interesse sind. *Eugen Schmalenbach*, dies lässt sich abschließend so feststellen, ist nicht nur ihr Namensgeber, sondern hat der Betriebswirtschaftslehre zu bleibenden Konturen verholfen und wesentliche Teile des im Fach bis heute gepflegten Denkstils maßgeblich geprägt.

3.1.2 Wilhelm Rieger: Betriebswirtschaftslehre als ›theoretische‹ Wissenschaft und die Idee der Rentabilität

Dass das **Denken in Alternativen** innerhalb der Disziplin stets eine beträchtliche Rolle gespielt hat, zeigt sich bei Gegenüberstellung des

Schmalenbach'schen und des *Rieger*'schen Werkes besonders deutlich. Aber auch sonst hat *Wilhelm Rieger* »einen Standpunkt bezogen, den er in so starkem Kontrast zu den Ansichten vieler Fachvertreter der Betriebswirtschaftslehre sieht, dass er seinem Aussagensystem aus logischen Gründen und zur Unterscheidung den Namen ›Privatwirtschaftslehre‹ gegeben hat« (Köhler [Wissenschaftslogik] 88). Sein 1928 in erster Auflage erschienenes Hauptwerk trägt daher auch den Titel »Einführung in die Privatwirtschaftslehre«.

In methodologischer Hinsicht ist Rieger **Vertreter eines** (allerdings noch erläuterungsbedürftigen) **theoretischen Standpunkts**. Inhaltlicher Leitgedanke ist die Idee der **Rentabilität**.

Wilhelm Rieger
(1878–1971)

Riegers Theorieverständnis

Bei seinem ›theoretischen Standpunkt‹ geht es *Rieger,* wie er sich selbst ausgedrückt hat, um »die Erklärung des menschlichen – in diesem speziellen Fall wirtschaftlichen – Handelns« (Rieger [Privatwirtschaftslehre] 45). Im ersten Moment lässt diese Formulierung den Eindruck entstehen, er habe eine ausgesprochen sozialwissenschaftlich ausgerichtete

Konzeption im Auge. Im Hinblick auf die praktische Durchführung kann davon, wie sich zeigen wird, allerdings keineswegs ausgegangen werden.

Die Antiposition zu *Schmalenbach* kommt beispielsweise in der programmatischen Äußerung zum Ausdruck, dass sich die Privatwirtschaftslehre direkter Eingriffe in das Leben zu enthalten habe. Ihre alleinige Aufgabe sei »das Forschen und Lehren als Ding an sich« (Rieger [Privatwirtschaftslehre] 81). Bei Verzicht auf eine derartige Selbstbeschränkung werde es unmöglich, den, so wörtlich, »Mann der Wissenschaft« vom Politiker bzw., wie man heute wohl sagen würde, vom Manager zu unterscheiden.

Der von *Rieger* geltend gemachte theoretische Anspruch, den einzulösen in der Tat »die Erklärung des menschlichen [...] Handelns« erforderlich machen würde, bleibt in Wirklichkeit mithin lediglich Programm. Das liegt, wie ein Kritiker bemerkt hat, an der »Ausklammerung eines Großteils der Realproblematik« (Köhler [Wissenschaftslogik] 105). Insofern muss auch der Wert der häufig betonten hochgradigen inneren Geschlossenheit und Einheitlichkeit des *Rieger*'schen Ansatzes relativiert werden. Eine methodologische Beurteilung seines Konzepts hat denn auch zu dem Ergebnis geführt, *Riegers* Versuch einer Erklärung des wirtschaftlichen Geschehens, wie es sich in den damals bestehenden Unternehmen abspielte, müsse »weitgehend als gescheitert angesehen werden. *Rieger* hat uns keine Erklärung des wirtschaftlichen Handelns in Unternehmungen geliefert, sondern bestenfalls ein definitorisch ausgereiftes Aussagensystem ...« (Jehle [Fortschritt] 58). In aller Kürze: *Riegers* Theorieverständnis genügt den an eine Realwissenschaft zu stellenden Ansprüchen nicht.

Die Idee der Rentabilität

Der Gegensatz zwischen *Schmalenbach* und *Rieger* – zwischen ›Wirtschaftlichkeit‹ und ›Rentabilität‹ als alternative Leitideen – war im Fach schon länger angelegt. In einer Bemerkung aus *Schmalenbachs* berühmtem ›Kunstlehre-Aufsatz‹ kommt dies klar und deutlich zum Ausdruck: »Die Frage lautet tatsächlich nicht: Wie verdiene ich am meisten?, sondern: Wie fabriziere ich diesen Gegenstand mit der größten Ökonomie?« (Schmalenbach [Kunstlehre] 494). Die auch weltanschaulich-ideologische Dimension der so gestellten Frage ist unübersehbar.

Mit seinem Beharren auf dem Rentabilitätsaspekt hat *Rieger* in gewisser Weise also all das wiederzubeleben versucht, wogegen *Schmalenbach* mit seiner Wirtschaftlichkeitslehre antrat: Die Unternehmung erscheint abermals als ›Geldfabrik‹; das Gewinnstreben ist ihr ›wahres‹ Charakteristikum. Weil aber der Gewinn als absolute Größe keinen geeigneten Vergleichsmaßstab darstellt, muss er auf das eingesetzte Kapital bezogen werden – was bekanntlich die übliche Definition von Rentabilität ist.

Selbstverständlich übersah *Rieger* nicht, dass er damit an eine ganz bestimmte historische Wirtschaftsform anknüpfte, wie sie sich im Laufe der Zeit entwickelt hatte – am ›Kapitalismus‹ bzw. an der ›Geldwirtschaft‹ (Rieger [Privatwirtschaftslehre] 12), und es war durchaus konsequent, wenn er den privatwirtschaftlichen Gedanken des Gewinnstrebens in den Mittelpunkt stellte.

Auslösung des zweiten Methodenstreits

In die Geschichte des Fachs ist *Rieger* auch deshalb eingegangen, weil er mit seiner »Einführung in die Privatwirtschaftslehre« einen weiteren, den **zweiten Methodenstreit** auslöste: die *Rieger-Schmalenbach*-Kontroverse. Bedauerlicherweise (wie man wohl feststellen muss) war es weniger deren »hervorragender sachlicher Inhalt, der vielmehr kaum beachtet wurde, als seine Äußerungen über die methodologische Grundlegung des Faches, die nichts anderes als einen ›Rückfall‹ in die ›privatwirtschaftliche Wissenschaft‹ darstellten und das Werk sehr rasch bekannt werden ließen« (Moxter [Grundfragen] 22). Speziell *Rieger*s Kritik ([Bilanz]) an der zentralen Idee der Wirtschaftlichkeit wurde, trotz aller Schlüssigkeit, stillschweigend übergangen. (Sein Haupteinwand gegen *Schmalenbach*s Wirtschaftlichkeitslehre war, dass er die in diesem Zusammenhang benötigte Werttheorie letztlich nicht von Marktpreisen und damit auch nicht von Rentabilitätsgesichtspunkten zu lösen vermochte; vgl. hierzu ausführlich Hundt [Theoriegeschichte] 57 ff.). Seine ›Niederlage‹ gipfelte schließlich darin, dass man ihm die weitere Mitgliedschaft im Verband der Hochschullehrer für Betriebswirtschaft verweigerte. Die ihm später (1957) angetragene Ehrenmitgliedschaft lehnte er ab (vgl. hierzu ausführlich Hundt [Theoriegeschichte] 57 ff. und die dort angeführte Literatur).

– Man mag dieser Episode zweierlei entnehmen, nämlich 1. dass es auch in der Betriebswirtschaftslehre gelegentlich »Zoff im Elfenbeinturm« (Hellman [Zoff]) gegeben hat; 2. dass es in der Wissenschaft nicht ausschließlich um das Streben nach (vertiefter) Erkenntnis geht, sondern dass dort gelegentlich mit recht harten Bandagen gekämpft wird ...

In der gerade erwähnten Kontroverse wandte sich *Rieger* übrigens nicht nur gegen *Schmalenbach*s Wirtschaftlichkeitslehre, sondern auch gegen jeglichen Normativismus. Missfielen ihm an *Schmalenbach* dessen »Anleitungen und Rezepte zum praktischen Handeln«, so bemängelte er am Normativismus, den es im Folgenden zu betrachten gilt, dessen Absicht, »der Wirtschaft Vorschriften zu machen, was sie tun sollte« (Rieger [Privatwirtschaftslehre] 73 und 44).

Heute gilt *Rieger* – »ein Wissenschaftler mit besonderem Profil und Eigenwilligkeit« (Heinen [Einführung] 29) – allgemein als rehabilitiert; wird mitunter sogar »vielfach als theoretisches Gewissen des Faches, als scharfsinniger Kritiker *Schmalenbach*s gepriesen« (Schneider [Betriebswirtschaftslehre] 148). Letzterem – der Rede vom ›theoretischen Gewissen‹ – kann angesichts seines durch und durch problematischen Theorieverständnisses allerdings nur bedingt zugestimmt werden und ist allenfalls von historischem Interesse. Schärfer noch: Wer die Betriebswirtschaftslehre als Realwissenschaft begreift, wird es – *Rieger*s Theorieverständnis – sogar als untauglich bezeichnen müssen.

3.1.3 Heinrich Nicklisch: Betriebswirtschaftslehre als ethisch-normative Wissenschaft und die Idee der Betriebsgemeinschaft

Ob von Wissenschaftlern – wohlgemerkt: als Wissenschaftler und nicht als Privatpersonen oder Staatsbürger – ein Urteil darüber erwartet wird, was ›gut‹ und was ›schlecht‹, was ›gerecht‹ oder ›ungerecht‹ ist, ob mithin Wissenschaftler zur wertenden Stellungnahme aufgefordert sind, ist eine immer wieder diskutierte Frage. *Max Weber* (1864–1920), der große deutsche Soziologe, hat sie um die Jahrhundertwende als Erster differenziert zu beantworten versucht, und an seiner zusammenfassenden Stellungnahme, wonach eine empirische Wissenschaft »niemanden zu lehren [vermag], was er soll, sondern nur, was er kann und – unter Umständen

– was er will« (Weber [Wissenschaftslehre] 151), ist bis heute schwerlich vorbeizukommen. Sorgfältig zu beachten ist dabei, dass *Webers* Analyse implizit auf der später von *Hans Albert* in präzisierender Absicht vorgenommenen Unterscheidung zwischen einem Objektbereich, einem Wertbasisbereich und einem Aussagenbereich beruht (Albert [Wertfreiheit]). Wertfreiheit im *Weber*'schen Sinn kann lediglich für Letzteren, den **Aussagenbereich**, gefordert werden. Bei Wertungen im **Objektbereich**, wie sie beispielsweise innerhalb der zwischenmenschlichen Interaktionsbeziehungen an der Tagesordnung sind, handelt es sich selbstverständlich um Phänomene von für die Sozialwissenschaften von geradezu zentralem Interesse. Und wenn es darum geht, mit welchen Themen sich Wissenschaftler befassen, dann spielen hier Wertungen natürlich auch eine Rolle. Sie betreffen den **Wertbasisbereich** (vgl. hierzu ausführlicher Schanz [Methodologie] 97 ff.).

Der ethisch-normative Standpunkt

Obwohl *Webers* Analysen seinerzeit längst verfügbar waren, blieben sie von den ethischen Normativisten in der Betriebswirtschaftslehre entweder unbeachtet oder gelangten ihnen schlicht nicht zur Kenntnis. Für sie – neben *Nicklisch* sind insbesondere *Friedrich Schär* (1846–1924) und (später) *Wilhelm Kalveram* (1882–1951) zu nennen – schien es vielmehr zwingend, von der folgenden Überzeugung auszugehen:

> Aufgabe des Fachs ist es, **Normen für wirtschaftliches Handeln** aus allgemeingültigen ethischen Grundwerten abzuleiten und die Wirtschaft dann in den sich auf diese Weise ergebenden Soll-Zustand zu überführen.

Diese **methodologische Grundvorstellung** veranlasste *Nicklisch* zur Entwicklung einer eigenständigen Sozialphilosophie. Ihren Niederschlag fand sie insbesondere in seiner Studie »Der Weg aufwärts! Organisation«. Dort wird zunächst ein bestimmtes **Menschenbild** entworfen: Das Individuum beschreibt *Nicklisch* ([Organisation] 34 ff.) als geistiges Wesen mit den Grundbedürfnissen nach Erhaltung, Gestaltung und Freiheit. Aus heutiger Sicht würde man am ehesten von einer motivationstheoretischen

Ausgangsposition sprechen. Wie eigenwillig diese ist oder uns heute wohl zwangsläufig erscheinen muss, lässt sich der folgenden Zusammenfassung entnehmen:

Heinrich Nicklisch
(1876–1946)

> »Zuerst muss der Mensch sein geistiges Wesen **erhalten**, d. h. sich seiner Ganzheit und Gliedschaft bewusst bleiben. Dies geschieht, indem er sich in tiefer Andacht sammelt auf den innersten Kern seines Bewusstseins, das Gewissen.
> Das zweite Bedürfnis ist, in der Menschheit durch Einung und Gliederung **gestaltend** zu wirken. Der Mensch wirkt einend, indem er Liebe übt [...] Der Mensch wirkt gliedernd, indem er die Gemeinschaft durch Ausüben der Gerechtigkeit ordnet.
> Erhält der Mensch sein geistiges Wesen und gestaltet er Gemeinschaft durch Einung und Gliederung, so befolgt er, was ihm im Gewissen vorgegeben ist. Dieses Tun geschieht dann nach dem höchsten Gesetz des geistigen Wesens Mensch, dem Gesetz der **Freiheit**« (Katterle [Betriebswirtschaftslehre] 26; Hervorhebung im Original).

Die drei Grundbedürfnisse nach Erhaltung, Gestaltung und Freiheit schlagen sich bei *Nicklisch* dann – folgerichtig übrigens, wenn die Prämissen akzeptiert werden – in ›Organisationsgesetzen‹ nieder; in Gesetzen,

»nach denen die menschlichen Organismen leben« (Nicklisch [Organisation] 66). Dass er dem Wirtschaftssystem, wie es sich ihm seinerzeit darstellte, vor dem Hintergrund eines solchen Menschenbildes außerordentlich kritisch gegenüberstand, zeigt die folgende Passage in aller Deutlichkeit:

> »Die kapitalistische Entwicklung unseres Wirtschaftslebens hat den Gewinnbegriff an den des Kapitals geknüpft, statt an den des Schöpferischen im Leben, der Arbeit. Das war irrig [...]. Es ist Zeit, dass das Aktienrecht gründlich umgestaltet wird, besonders auch die Rechtsvorschriften über die Verteilung der Gewinne. Gegen das Privateigentum an Kapital sind meine Äußerungen nicht gerichtet, sondern gegen die ungerechte Verteilung der Gesamtwirkung an die Beteiligten« (Nicklisch [Organisation] 100).

Die Idee der Betriebsgemeinschaft

In **inhaltlicher Hinsicht** (und damit auf das Erkenntnisobjekt der Disziplin angewandt) finden diese Vorstellungen insbesondere in der **Idee der Betriebsgemeinschaft** ihren Niederschlag. Betriebe werden von *Nicklisch* – was ja nicht von vornherein selbstverständlich ist – als **Sozialgebilde** begriffen, wenngleich auch hier die romantisch-verklärende Sichtweise dominiert:

> »[…] sie geben den Beteiligten auch mitten im Getriebe der Wirtschaft immer von Neuem die Gewissheit, geistige Wesen zu sein; sie sind der Ausdruck von Hingebung, Liebe, die den Einzelnen mit der Gesamtheit, ja dem All verbindet, einend wirkt; sie sind auch erfüllt von Gerechtigkeit, die jedem zuordnet, was ihm zukommt. So steht vor unserem geistigen Auge der Organismus ›Gemeinschaft‹, in dem alle nach ihren Gaben einig mitwirken und sicher der Ernte auch ihres Wirkungsanteils entgegensehen« (Nicklisch [Organisation] 69).

Nicklisch ließ offensichtlich unberücksichtigt, dass für die soziale Wirklichkeit Spannungen und Konflikte aller Art an der Tagesordnung sind, und es besteht auch kein Anlass, solche in einem Nebensatz pauschal als »Krankheit wirtschaftlichen, organischen Seins« (Nicklisch [Organisation] 64) zu interpretieren. Eine derartige Sichtweise gilt heute allgemein als überholt. Man betont vielmehr zurecht die gelegentliche **Notwendigkeit von Konflikten für den sozialen Wandel**.

Schließlich muss erwähnt werden, dass *Nicklisch* seine Idee der Betriebsgemeinschaft in den Dienst der nationalsozialistischen Ideologie stellte, in aller Deutlichkeit erkennbar an seinem Aufruf an die Fachvertreter, »dem Führer des neuen Deutschland all ihre Kräfte zur Verfügung zu stellen« (Nicklisch [Betriebswirtschaftslehre] 173).

Wenn *Nicklisch* mit seinen konzeptionellen Vorstellungen auch aus heutiger Perspektive Beachtung und vielleicht sogar einen Ehrenplatz in der Geschichte des Fachs verdient, dann aus einem ganz anderen Grund: Sein Werk ist von der Einsicht geprägt, dass sich die Betriebswirtschaftslehre im Kern als eine **sozialwissenschaftliche Disziplin** begreifen sollte, die damit auch einer sozialphilosophischen Grundlage bedarf. Diese Problemsicht hebt ihn von vielen (früheren und auch späteren) Fachvertretern in nach wie vor bemerkens- und beachtenswerter Weise ab. *Nicklisch* erscheint in diesem Licht als Vorläufer (wenn auch nicht als Wegbereiter) einer Entwicklung, die in späteren Jahren in Form einer Öffnung der Betriebswirtschaftslehre zu den sozialwissenschaftlichen Nachbardisziplinen zentrale Bedeutung erlangen sollte. Und wenn unter dem Eindruck massiver Fehlentwicklungen – etwa im Bankenbereich, aber nicht nur dort – seit geraumer Zeit **wirtschafts- und unternehmensethische Fragen** sowohl in der fachinternen Diskussion als auch in der Unternehmenspraxis einen gewichtigen Stellenwert erlangt haben (→ hierzu die Hinweise im Nachwort), so kann hier ebenfalls eine Brücke zu den aus heutiger Sicht in Teilen geradezu skurril erscheinenden Vorstellungen eines *Heinrich Nicklisch* geschlagen werden.

Damit aber keine Missverständnisse entstehen: In inhaltlicher Hinsicht liefert *Nicklisch*s Ideengebäude heute kaum brauchbare Ansätze. Hier ist, ganz im Gegenteil, (entschiedene) kritische Distanz gefordert. Sagen wir es so: Von den Fehlern der Altmeister – und das gilt schließlich selbst für *Platon* oder *Aristoteles* und viele weitere Geistesgrößen – vermag die Nachwelt zuweilen dadurch zu profitieren, dass ihre Irrwege als solche erkannt und vermieden werden!

3.2 Von disziplinärer Abgeschlossenheit zur Interdisziplinarität

In den folgenden Abschnitten sind Programme vorzustellen, in denen sich der Wandel der Betriebswirtschaftslehre von disziplinärer Abgeschlossenheit zu einem sich interdisziplinär begreifenden Fach dokumentiert. Er vollzog sich innerhalb von rund 20 Jahren; beschrieben wird die Entwicklung seit Anfang der 1950er bis etwa in die Mitte der 1970er Jahre.

Dabei lassen sich ebenfalls drei Ansätze identifizieren, die mit einiger Berechtigung als Wissenschaftsprogramme bezeichnet werden können. Ihre Hauptrepräsentanten sind

- *Erich Gutenberg* (1897–1984),
- *Edmund Heinen* (1919–1996) und
- *Hans Ulrich* (1919–1997),

wobei es auch hier darum geht, die jeweiligen methodologischen und inhaltlichen Programmpunkte herauszuarbeiten und, wann immer dies erforderlich erscheint, kritisch zu kommentieren. In Umkehrung zu der in den vorangehenden Abschnitten gewählten Vorgehensweise werden dabei allerdings zunächst inhaltliche Merkmale, im Anschluss daran methodologische Aspekte angesprochen.

»Von disziplinärer Abgeschlossenheit zur Interdisziplinarität« – das deutet auf einen wahrhaft großen Entwicklungsschritt hin. Aber hat er dem Fach auch **Fortschritt** gebracht? Das ist eine schwierige und vor allem kaum eindeutig zu beantwortende Frage. Vielleicht ist die folgende, der inhaltlichen Darstellung vorauseilende Einschätzung hilfreich: Der Stringenz der Gedankenführung *Gutenbergs* haben sowohl das entscheidungsorientierte als auch das systemorientierte Programm wenig entgegenzusetzen. Besonders bemerkbar macht sich dies im Hinblick auf die jeweiligen methodologischen Grundlagen. Hier stößt man sowohl bei *Heinen* als auch bei *Ulrich* und ganz im Gegensatz zu *Gutenberg* – die Ausführungen werden dies in aller Deutlichkeit zeigen – auf ein überraschend hohes Ausmaß an Unbekümmertheit. Auch in inhaltlicher Hinsicht fällt bei diesen neueren Ansätzen diese oder jene Trivialität ins Auge, wie sie bei *Gutenberg* an keiner Stelle spürbar wird.

Zu berücksichtigen ist weiterhin, dass damit Wege beschritten wurden, die dem Fach neue Perspektiven eröffnet haben; Perspektiven, für die das *Gutenberg'*sche Programm schlichtweg blind ist. Vergessen wir nicht, dass eine der Spielregeln des Ideenpluralismus (→ Abschn. 2.3.2) besagt, dass relativ junge, noch unausgereift erscheinende Entwürfe eines besonderen Schutzes bedürfen. Und auch dies sei wiederholend hinzugefügt: Alleinvertretungsansprüche, wie sie hin und wieder implizit geltend zu machen versucht werden, sind dem Erkenntnisfortschritt und den sich damit unter Umständen eröffnenden Gestaltungsmöglichkeiten ganz generell abträglich!

Zu diesem Ergebnis kommt übrigens auch *Thomas S. Kuhn*, auf dessen »Struktur wissenschaftlicher Revolutionen« sowohl im Vorwort als auch im wissenschaftstheoretischen Teil dieses Bändchens Bezug genommen wurde: Aus seinen wissenschaftshistorischen Untersuchungen geht für ihn hinreichend klar hervor, dass »kein Paradigma, das eine Grundlage für die wissenschaftliche Forschung bildet, jeweils alle ihre Probleme lösen kann«. Aber es kommt noch massiver: »Die ganz wenigen, die es scheinbar doch taten [...], haben bald aufgehört, überhaupt noch Forschungsprobleme hervorzubringen und wurden zu bloßen Hilfsmitteln für die Technik« (Kuhn [Struktur] 113).

Kuhns Diagnose betrifft ganz überwiegend altehrwürdige Naturwissenschaften, etwa die Physik oder die Chemie. Bezüglich einer noch vergleichsweise jungen akademischen Disziplin, wie sie die Betriebswirtschaftslehre darstellt, darf begründet angenommen werden, dass sie sogar in verstärktem Maße zutrifft.

Weiteres kommt hinzu: Die Betriebswirtschaftslehre ist von ihrer gesamten Anlage her eine außerordentlich **heterogene Disziplin**. Nach herkömmlichem Verständnis sind sowohl funktionale (Beschaffung, Produktion, Absatz, Finanzierung usw.), institutionelle (Industrie, Handel, Banken u. v. a. m.) sowie übergreifende Bereiche (Unternehmensführung, Personal, Organisation, Rechnungswesen, Steuern, Operations Research usw.) ihre traditionellen Problemfelder – mit teilweise beträchtlich voneinander abweichenden methodologischen Status. Allein dieser Tatbestand lässt es wenig wahrscheinlich erscheinen, je zu einer allseits überzeugenden Zusammenführung in einem einzigen Wissenschaftsprogramm zu gelangen. Aus einer methodologisch-pluralistischen Perspektive heraus leidet die intellektuelle Attraktivität der Betriebswirtschaftslehre darunter indes keineswegs.

3.2.1 Erich Gutenberg: Das neoklassisch orientierte Programm der Betriebswirtschaftslehre

Nicht immer lässt sich der Beginn einer neuen Entwicklungsrichtung in einem Wissenschaftsbereich exakt datieren. Im nun zu diskutierenden Fall ist eine ziemlich genaue Angabe jedoch möglich: In seiner Habilitationsschrift von 1929 gedanklich schon vorbereitet, erschien 1951 *Erich Gutenbergs* erster, »Die Produktion« betitelter Band eines auf drei Teile angelegten Werkes – die »Grundlagen der Betriebswirtschaftslehre«. Bereits 1955 folgte »Der Absatz«, deutlich später – erst 1968 – »Die Finanzen« (Gutenberg [Produktion], [Absatz], [Finanzen]). Neu daran – darauf ist zurückzukommen – war die konsequente Übertragung des in der (deutschen und vor allem angelsächsischen) Nationalökonomie längst dominierenden neoklassischen Denkstils auf die Betriebswirtschaftslehre, von dessen Leistungsfähigkeit *Gutenberg* zutiefst überzeugt war (vgl. hierzu die vielfach wiederholte Bezugnahme in Gutenberg [Unternehmung]).

Die weitaus größte Beachtung hat eindeutig »Die Produktion« gefunden. Wegen der herausragenden programmatischen Bedeutung befassen sich die folgenden Ausführungen daher ausschließlich mit diesem »in radikaler Abkehr von den Traditionen der klassischen Betriebswirtschaftslehre« (Hundt [Theoriegeschichte] 135) konzipierten Teil von *Gutenbergs* »Grundlagen der Betriebswirtschaftslehre«.

Der »produktionstheoretische Standpunkt« als inhaltliche Leitidee

Gutenbergs zentrales Anliegen war zunächst einmal eine möglichst allgemeine Charakterisierung von Betrieben. Seinem Betriebsbegriff legte er deshalb sogenannte **systemindifferente Tatbestände** zugrunde. Sie gelten, wie es die Bezeichnung signalisieren soll, unabhängig von der jeweiligen Wirtschaftsordnung – reichend von der reinen Marktwirtschaft bis hin zur idealtypischen Zentralverwaltungswirtschaft – und betreffen

- die Kombination von Produktionsfaktoren,
- das Wirtschaftlichkeitsprinzip und
- das finanzwirtschaftliche Gleichgewicht (Erhaltung der Liquidität).

Erich Gutenberg
(1897–1984)

Werden zusätzlich **systembezogene Tatbestände**, nämlich

- das Autonomieprinzip,
- das erwerbswirtschaftliche Prinzip (Gewinnmaximierung) und
- Privateigentum (an den Produktionsfaktoren)

herangezogen, so gelangt man begrifflich zur Unternehmung bzw. zum Betrieb innerhalb einer marktwirtschaftlich ausgerichteten Wirtschaftsordnung.

Zum Zweck der näheren Charakterisierung seines Anliegens geht *Gutenberg*, wie er sich selbst gelegentlich ausgedrückt hat, von einem »produktionstheoretischen Standpunkt« (Gutenberg [Produktions- und Kostentheorie] 430) aus. Man kann darin mit einiger Berechtigung die **inhaltliche Leitidee** dieses umfassend angelegten, auf innere Geschlossenheit bedachten Wissenschaftsprogramms erkennen; dies zumindest im Hinblick auf »Die Produktion«. Den Mittelpunkt bildet die **Produktionsfunktion**.

Gutenbergs ursprüngliche Überlegungen galten – inhaltlich angelehnt an die damalige volkswirtschaftliche Theorie – der Produktionsfunktion mit (teilweise oder total) austauschbaren (substitutionalen) Faktoren (Typ A). Bereits in der zweiten Auflage seines für viele Jahre außerordentlich einflussreichen Standardwerks erfolgt dann eine Umorientierung. *Gutenberg* glaubte nämlich zu erkennen, dass für die betriebliche Leistungserstellung **konstante Faktoreinsatzverhältnisse** wesentlich typischer sind. Dieser auch empirisch belegte Tatbestand führte ihn zur Entwicklung von Produktionsfunktionen mit limitationalen Faktoren (Typ B). Damit war ein Bezugsrahmen geschaffen, den *Gutenberg* und seine zahlreichen Schüler – vielfach ehemalige Mitarbeiter bzw. Assistenten, die dann später selbst Hochschullehrer wurden – in der Folgezeit inhaltlich mehr und mehr ausfüllten. Es konnte insbesondere ein **Zusammenhang zwischen Produktions- und Kostentheorie** hergestellt werden. Auch insofern vermittelt dieses Programm den Eindruck hochgradiger konzeptioneller Geschlossenheit; sicherlich ein Grund dafür, dass *Gutenbergs* Ansatz für eine gewisse Zeit über den engeren Schülerkreis hinaus einen beträchtlichen Teil der Fachvertreter in seinen Bann zu ziehen vermochte. Die Betriebswirtschaftslehre besaß, wenn man so will, ihr erstes **Paradigma** (Jehle [Fortschritt] 76 ff.; ähnlich auch Hundt [Theoriegeschichte] 135 ff.); durfte sich im Besitz eines attraktiven und für zahlreiche Problemlösungen offenen Orientierungsrahmens fühlen.

Das System der produktiven Faktoren

Am System der Produktionsfaktoren lassen sich die Eigenheiten des hier zur Diskussion stehenden (faktortheoretischen, wie vielfach auch gesagt wird) Ansatzes besonders gut erkennen. Sie sollen daher im Folgenden etwas näher betrachtet werden. Eingeführt wird hier zunächst eine grundlegende Unterscheidung zwischen **Elementarfaktoren** auf der einen Seite, **dispositiven Faktoren** auf der anderen.

Elementarfaktoren sind:

- **Werkstoffe**, d. h. alle jene Einsätze, »die als Ausgangs- und Grundstoffe für die Herstellung von Erzeugnissen zu dienen bestimmt sind« (Gutenberg [Produktion] 122);
- **Betriebsmittel**, worunter »die gesamte technische Apparatur« zu verstehen ist, »deren sich ein Unternehmen bedient, um Sachgüter herzustellen oder Dienstleistungen bereitzustellen« (Gutenberg [Produktion] 70, sowie schließlich
- **objektbezogene Arbeitsleistungen**, womit alle jene Tätigkeiten gemeint sind, »die unmittelbar mit der Leistungsverwertung und mit finanziellen Aufgaben in Zusammenhang stehen, ohne dispositiv-anordnender Natur zu sein« (Gutenberg [Produktion] 3).

Der Nachsatz lässt bereits erkennen, was den **dispositiven Faktor** im Wesentlichen ausmacht. *Gutenberg* differenziert dabei wie folgt:

- die **Geschäftsleitung**, deren Hauptaufgabe es ist, »die drei Elementarfaktoren zu einer produktiven Kombination zu vereinigen« (Gutenberg [Produktion] 5). Als Hilfsmittel kommen dabei
- **Planung** und **Organisation** zum Einsatz.
- Die Geschäftsleitung wird als **originärer**, Planung und Organisation als davon abgeleiteter, **derivativer** dispositiver Faktor bezeichnet.

Die Notwendigkeit, zwischen objektbezogener und dispositiver Arbeit sauber zu unterscheiden, betont *Gutenberg* nachdrücklich. Dabei ist es aufschlussreich, wie sich diese Differenzierung in seinem Programm konkret niederschlägt: Die Problematik des Elementarfaktors ›Arbeit‹ wird bezeichnenderweise unter der Überschrift »Die Bedingungen optimaler Ergiebigkeit menschlicher Arbeitsleistungen im Betrieb« abgehandelt. Im Unterschied dazu schreibt (bzw. gesteht) er dem dispositiven Faktor eine ›irrationale Wurzel‹ zu.

Wer sich mit derartigen Hinweisen nicht zufrieden gibt (wozu im Übrigen auch kein Anlass besteht), wird in ihnen einen **Erklärungsverzicht** erkennen. Diese Einschätzung klingt interessanterweise auch in der Würdigung des *Gutenberg*'schen Gesamtwerks durch *Albach* an:

> »Für Gutenberg stand die Einheit von Mensch und Maschine im Zentrum der Probleme, die wissenschaftlicher Erklärung bedurften, nicht dagegen waren es die vielen und vielfältigen Mensch-Mensch-Beziehungen ohne Berücksichtigung maschineller Aggregate, die für andere theoretische Systemversuche das Wesen der Unternehmung ausmachen« (Albach [Gutenberg] 588).

Spätestens hier drängt sich die Vermutung auf, dass diese Problemsicht etwas mit dem von ihm präferierten **methodischen Instrumentarium** zu tun haben könnte. Ein Zitat aus einem nachgelassenen längeren Aufsatz ist in diesem Zusammenhang aufschlussreich. *Gutenberg* fand nämlich, wie er selbst rückblickend schrieb,

> »keinen Weg zu einer Verknüpfung der sozialen Tatbestände mit den betrieblichen Funktionen, deren gemeinsames Ergebnis die Leistungen der Unternehmen sind […] Ich hatte Menschen und Maschinen immer nur als eine in Funktion befindliche Einheit erfahren. Mit anderen Worten: ich bekam die soziale und die funktionale (technisch-organisatorische) Komponente des betrieblichen Geschehens nicht in jene wissenschaftlich überzeugende Einheit zusammen, wie sie in den Unternehmungen täglich praktiziert wird. Das ist der Grund, aus dem ich diesen Weg – als einen sicherlich möglichen – nicht ging« (Gutenberg [Unternehmung] 48).

Die Schlussbemerkung, in der von einem alternativen, »sicherlich möglichen« Weg die Rede ist, sollte im Hinblick auf später vorzustellende Wissenschaftsprogramme in Erinnerung behalten werden; ferner *Gutenbergs* gelegentliche – wenngleich folgenlos gebliebene – Bemerkung, »den menschlich-sozialen Problemen (sollte) der Rang gewährt werden, den sie mit Recht beanspruchen können« (Gutenberg [Einführung] 21).

Auch wenn von der zeitweilig recht eindeutigen Dominanz des von *Gutenberg* begründeten Forschungs- und Lehrgebäudes mittlerweile nicht mehr die Rede sein kann, ist sein Einfluss noch immer beträchtlich. Das hängt – keineswegs nebensächlich – teilweise damit zusammen, dass *Gutenberg* zahlreiche Schüler hatte und hat, die sich als vehemente Fürsprecher hervortaten und nach wie vor hervortun. Ebenso ausschlaggebend und von methodologischer Bedeutung ist jedoch, dass es sich um einen **theoretisch hochgradig geschlossenen Ansatz von beträchtlicher intellektueller Anziehungskraft** handelt.

Eben diese konzeptionelle (bzw. theoretische, wie vielfach gesagt wird) Geschlossenheit lag *Gutenberg*, wie in einer der zahlreichen Würdigungen seines Schaffens nachzulesen ist, besonders am Herzen, erkannte er doch

> »den fragmentarischen Charakter und die oftmals mangelhafte Präzision der Prämissen früher theoretischer Ansätze. Die eigene wissenschaftliche Erfahrung und das Leiden am Bruchstückhaften der theoretischen Grundlegung des Fachs waren immer wieder die Impulse, die Gutenberg über ein Jahrzehnt um die Konzeption einer tragfähigen übergreifenden Theorie der Betriebswirtschaftslehre ringen ließen« (Kilger [Gutenberg] 689).

Für die für das *Gutenberg*'sche Programm charakteristische konzeptionelle Geschlossenheit, dies wird das Ergebnis der folgenden Betrachtungen sein, musste im vorliegenden Fall allerdings ein hoher Preis gezahlt werden – der **Preis der Abgeschlossenheit**. Spätestens Ende der 1960er Jahre wurde er offensichtlich als zu hoch empfunden: Die sozialwissenschaftliche Öffnung des Fachs und das Bemühen um Interdisziplinarität – davon später mehr – waren die Antwort.

Methodische Aspekte des Gutenberg'schen Ansatzes

Hätte sich die Betriebswirtschaftslehre nicht von Anfang an bewusst und in sehr entschiedener Weise von ihrer wirtschaftswissenschaftlichen Schwesterdisziplin – der Nationalökonomie bzw. Volkswirtschaftslehre – wegentwickelt, dann wären *Gutenbergs* »Grundlagen« (insbesondere »Die Produktion«) bei ihrem Erscheinen vermutlich nicht zum Gegenstand eines äußerst vehement, ja geradezu erbittert geführten, im hier zur Diskussion stehenden Zusammenhang aber nicht besonders ergiebigen weiteren Methodenstreits (vgl. hierzu etwa: Mellerowicz [Richtung]; Schäfer [Selbstliquidation]; Gutenberg [Methodenstreit]) geworden – dem mittlerweile dritten im Fach. Das von *Gutenberg* benutzte **methodische Instrumentarium** erfreute sich in der Nationalökonomie nämlich längst allgemeiner Beliebtheit. Gemeint ist jene neoklassisch orientierte mikroökonomische Theorie, die sich mit Namen wie Cournot oder Pareto (vgl.

diesbezügliche Hinweise bei Albach [Gutenberg] 583) verbindet. Sie kann mit Stichworten wie ›Partialanalyse‹ oder ›Grenzwertbetrachtung‹ beschrieben werden, wobei *Gutenbergs* originäre Leistung darin bestand, dieses Instrumentarium in einer Weise benutzt zu haben, die der betriebswirtschaftlichen Problematik nähersteht als die mikroökonomisch ausgerichtete neoklassische Theorie innerhalb der Volkswirtschaftslehre. Wenn auch eher implizit, so fand damit gleichzeitig ein bestimmtes Menschenbild Eingang in die Disziplin – das des *homo oeconomicus*:

> Ein konstituierendes Merkmal neoklassischen Theoretisierens ist die Unterstellung von vollkommener Rationalität und damit die **Konstruktion eines idealtypischen Wirtschaftssubjekts**, das als ***homo oeconomicus*** bezeichnet wird und innerhalb der wirtschaftswissenschaftlichen Theorie in zwei Ausprägungen auftaucht: als (omnipotenter) Unternehmer und als (souveräner) Konsument.

Bei *Gutenberg* findet man allerdings kaum direkte Hinweise auf dieses Menschenbild. Es handelt sich vielmehr um eine **implizite Annahme**, die gelegentlich in der Bemerkung über »›vollkommenes Funktionieren‹ der Menschen und der Organisation« (Albach [Gutenberg] 589 mit Verweis auf *Gutenbergs* Habilitationsschrift) anklingt. Der »produktionstheoretische Standpunkt« scheint dies auch nicht erforderlich zu machen, geht es doch darum, die Kombination der Produktionsfaktoren durch sogenannte **Verbrauchsfunktionen** – und zwar im Sinne eines ausschließlich ingenieurwissenschaftlichen Tatbestands – idealtypisch darzustellen. Die sich solchermaßen ergebenden Produktionsfunktionen – über Typ A und B hinaus ist das Fach (was an dieser Stelle aber nicht näher interessieren muss) später bis zu Typ E gelangt – werden dann übrigens häufig (recht irreführend) als **betriebswirtschaftliche Gesetzmäßigkeiten** bezeichnet.

Tauchen wir noch ein wenig tiefer in die *Gutenberg*'sche Gedankenwelt ein: Um den im »tatsächlichen betrieblichen Geschehen stets wirksamen, den reinen Vollzug der Theorie störenden (menschlichen; G.S.) Faktor ausschalten zu können« (Gutenberg [Unternehmung] 41), wird – reichlich befremdlich klingend – eigens ein ›psycho-physisches Subjekt‹ konstruiert; dies zu dem alleinigen Zweck, die Theorie von solchermaßen störenden Einflüssen freizuhalten. An seine Stelle – an die Stelle des menschlichen Faktors – tritt das **Rationalitätspostulat**, das allerdings nur auf die Unternehmensleitung bezogen wird. Und *Gutenberg* stellt mit unübersehbarer Befriedigung fest: »Rationales Verhalten der Unternehmensleitung bildet – so oder so formuliert – auch heute noch ein konstitutives Element vieler Theorieentwürfe« (Gutenberg [Unternehmung] 41). (Letzteres, so möchte man hinzufügen, besagt freilich noch wenig im Hinblick auf die Angemessenheit dieses konstitutiven Elements.)

Die hier vorgenommene Charakterisierung des *Gutenberg*'schen Programms lässt die bereits a. a. O. angedeutete methodische (nicht: inhaltliche) Nähe zu den Vorstellungen von *Wilhelm Rieger* deutlich werden. Hier wie dort handelt es sich um eine Art des Theoretisierens bzw. besser: des idealtypischen Vorgehens, bei der bewusst von den in der Realität vorliegenden Verhältnissen abstrahiert wird. Im Gesamtwerk *Gutenbergs* finden sich viele diesbezügliche Hinweise. Es ist daher kaum möglich, von einem empirisch-realistischen Erkenntnisprogramm zu sprechen (Jehle [Fortschritt] 82), zumindest was seine Realisierung anbelangt. Dem *Gutenberg*'schen Anliegen näher kommt die folgende Interpretation: »Sein« – *Gutenbergs* – »Interesse verlagert sich von einer möglichst richtigen und wahren Beschreibung und Erklärung von Struktur und Bewegung betrieblicher Phänomene weg zu einer **Analyse der Möglichkeiten**, wie vorgefundene Strukturen im Sinne des Rationalprinzips verbessert und an sich ändernde Datenkonstellationen optimal angepasst werden können« (Hundt [Theoriegeschichte] 159).

Für eine derartige Deutung spricht, dass *Gutenbergs* Ansatz verschiedentlich als ›mathematisch-deduktiv‹ bezeichnet wird. Diese Charakterisierung ist insofern stimmig, als sie das **entscheidungslogische** (gelegentlich auch: rationaltheoretische) **Vorgehen** beschreibt, bei dem es darum geht, dass mithilfe mathematischer Operationen aus einer unterstellten Zielfunktion (meist: Gewinnmaximierung oder Kostenminimierung) und gewissen Restriktionen, beispielsweise den zur Verfügung stehenden Ressourcen, die optimale Vorgehensweise ›abgeleitet‹ wird. Tatsächlich hat der *Gutenberg*'sche Ansatz ja auch die Entwicklung der sogenannten Operations-Research-Verfahren (gelegentlich auch: mathematische Entscheidungs- oder – missverständlich allerdings – Unternehmensforschung) stark gefördert.

Die Erörterung von methodischen Aspekten der Wissenschaft von der Produktivitätsbeziehung sollte bereits andeutungsweise erkennen lassen, weshalb dieses Programm trotz (oder gerade wegen) seiner inhaltlichen Geschlossenheit auch eine gewisse **Abgeschlossenheit** begründet. Diesem Tatbestand ist abschließend etwas ausführlicher nachzugehen.

Die Abgeschlossenheit der Betriebswirtschaftslehre

Wenn es innerhalb einer wissenschaftlichen Disziplin gelungen ist, ein einigermaßen systematisches Aussagensystem zu entwickeln, dann ist man geneigt, diesem Fach ›Reife‹ zuzusprechen. In der Tat gelang es *Gutenberg,* ein betriebswirtschaftliches Programm vorzulegen, das dieses Prädikat mit Fug und Recht für sich beanspruchen kann. Zeitweilig übte es auf einen Großteil der Fachvertreter eine enorme Zugkraft aus.

Allerdings muss dieser Erfolg in einer entscheidenden Hinsicht relativiert werden, denn er ist ganz wesentlich darauf zurückzuführen, dass nur eine ganz bestimmte Klasse von Fragestellungen als betriebswirtschaftlich bedeutsam erklärt wurde. Dies begründet gleichzeitig eine für weitere theoretische und praktische Fortschritte hinderliche **Abgeschlossenheit**. In der folgenden Passage kommt zum Ausdruck, was damit gemeint ist:

> »Die relative Enge der Problemstellung und die theoretisch-abstrakte Ausrichtung war ohne Zweifel für die der quantitativen Modellanalyse zugänglichen Fragen (Produktions-, Kosten-, Investitions-, Finanzierungs-, Lagerhaltungs- und Beschaffungstheorie) fruchtbar, weil sie erschwerende qualitative Aspekte (menschliches Verhalten, nicht monetäre Untersuchungsziele, politische Aspekte) ausklammerte. Andererseits unterliegt der Ansatz zunehmend der Gefahr des ›Modell-Platonismus‹ *(H. Albert),* d. h. der Praxisferne seiner Prämissen (Gewinn als einziges Zielkriterium, rationales Entscheidungsverhalten, Harmonie des Gewinnziels mit gemeinwirtschaftlicher Wohlstandsmaximierung), sowie der Tautologisierung (empirischen Gehaltlosigkeit) seiner Modelle. Zudem vermag er neuere Probleme der Betriebswirtschaftslehre (Marketing, Organisation und Führung, Unternehmenspolitik und -planung, Personalwesen) nicht systematisch zu integrieren und zu lösen. Bezeichnenderweise entwickelten sich diese

> Gebiete in den nicht vom *Gutenberg*'schen Paradigma beherrschten angelsächsischen Ländern schneller als im deutschsprachigen Raum« (Ulrich/Hill [Grundlagen] 171).

So äußert sich (zusammen mit seinem Mitautor) in Gestalt von *Hans Ulrich* interessanterweise der Hauptinitiator des systemorientierten Ansatzes (→ Abschn. 3.2.3). Dass die späteren Auflagen der »Produktion« gerade im Hinblick auf die Problematik des Faktors ›Arbeit‹ von *Gutenberg* erweitert wurden, ändert an alledem, was in der zitierten Passage angesprochen wird, allenfalls graduell etwas. Die heuristische Kraft dieser Anpassungen erwies sich im Vergleich zu den gegen Ende der 1960er Jahre und später aufkommenden Programmen aber offensichtlich als zu gering, und es bleibt die Feststellung, dass die Leistungsfähigkeit der Wissenschaft von der Produktivitätsbeziehung schwerpunktmäßig auf anderen Gebieten liegt – bei der **Formalisierung und Mathematisierung der Betriebswirtschaftslehre**.

Mit *Knut Bleicher* kann man noch einen Schritt weitergehen: »Alle diejenigen, die [...] an einer Weiterentwicklung der Betriebswirtschaftslehre zu einer Managementlehre interessiert waren, fanden im ›dispositiven Faktor‹ der herrschenden Lehre *Erich Gutenbergs* keinen tragfähigen Ansatz« (Bleicher [Betriebswirtschaftslehre] 120). Zu einer ähnlichen Einschätzung wird man zwangsläufig auch im Hinblick auf *Gutenbergs* »objektbezogene Arbeitsleistung« kommen müssen: Betriebswirtschaftslehre als Wissenschaft von der Produktivitätsbeziehung basiert, soweit sie in der für sie spezifischen Art den Kombinationsprozess der Produktionsfaktoren als ihren Hauptgegenstand betrachtet, auf **ingenieurwissenschaftlichen Grundlagen**, begreift das Fach ansonsten aber als eigenständige bzw. autonome Disziplin (Gutenberg [Einführung] 13 f.).

Als Fazit wollen wir festhalten, dass der neoklassische Denkstil – und dies gehört zweifellos zu seinen positiven Auswirkungen – insbesondere die Entwicklung der Kostentheorie und der sog. Operations-Research-Verfahren gefördert hat. Eher hinderlich erwies er sich dagegen im Hinblick auf die Lösung von zahlreichen Managementproblemen, solchen vor allem, denen nur mit einer im Kern sozialwissenschaftlichen Perspektive beizukommen ist.

In methodologisch-wissenschaftstheoretischer Hinsicht verbindet sich mit der damit einhergehenden Perspektivenverschiebung etwas ebenso

Bemerkenswertes – dass damit die **monistische Phase** der Disziplin an ihr Ende gelangte. Abgelöst wurde sie von einem **pluralistischen Stadium** in dem Sinn, dass fast gleichzeitig mehrere Kandidaten auf der Bildfläche erschienen und sich anschickten, dem Fach neue Perspektiven zu eröffnen.

Für den interessierten Beobachter wurde dies spätestens im Rahmen der 1971 im schweizerischen St. Gallen veranstalteten Tagung für Betriebswirtschaft offensichtlich. Ihr Motto lautete „Wissenschaftsprogramm und Ausbildungsziele der Betriebswirtschaftslehre", war aber angesichts der dort gehaltenen Vorträge nur teilweise zutreffend formuliert: Nicht **das** Wissenschaftsprogramm, sondern **mehrere**, wenn auch unterschiedlich umfassend angelegte Ansätze wurden von ihren jeweiligen Protagonisten präsentiert (vgl. dazu den von *Gert von Kortzfleisch* herausgegebenen Tagungsband; von Kortzfleisch [Wissenschaftsprogramm]). – In der Folgezeit fanden vor allem das entscheidungs- und das systemorientierte Programm zunehmend Beachtung; Hauptgrund für uns, sich damit näher auseinanderzusetzen.

Vorab ist einem möglichen Missverständnis vorzubeugen: Wenn hier von einer monistischen Phase gesprochen wird, so bedeutet dies nicht, dass es seinerzeit neben dem faktortheoretischen Ansatz keine in andere Richtungen weisende Impulse gegeben hätte – die sich freilich als zu schwach erwiesen. So sprach sich beispielsweise *Josef Kolbinger* explizit für „Betriebswirtschaftslehre als Sozialwissenschaft" aus (Kolbinger [Betriebsführung]), fand damit aber kaum Resonanz. Ein möglicher Mitgrund mag die etwas umständliche Art seiner Darlegungen gewesen sein; fest steht jedenfalls, dass das *Gutenberg*'sche Paradigma offensichtlich eine Zeit lang zu fest etabliert war, um es in seinen Grundfesten auch nur ansatzweise zu erschüttern. Das rechtfertigt es, von Alleinherrschaft bzw. von einer monistischen Phase zu sprechen.

3.2.2 Edmund Heinen: Sozialwissenschaftliche Öffnung der Betriebswirtschaftslehre

Das im Folgenden zu skizzierende Programm wird meist als **entscheidungsorientierte Betriebswirtschaftslehre** bezeichnet; so auch von *Edmund Heinen* selbst, mit dessen Namen es besonders eng verbunden ist. Nun sind Wahlhandlungen allerdings seit jeher **der** traditionelle Gegenstand der Wirtschaftswissenschaften schlechthin. Sowohl bei *Schmalenbach* als auch bei *Gutenberg* finden sich dafür zahlreiche Belege; ebenso zumindest implizit bei vielen anderen der früh(er)en Fachvertreter. Aber nicht nur dies. Es handelt sich um **typische Alltagsphänomene**: Ob Schnitzel oder Lasagne, Sekt oder Selters, Ibiza oder Florida, dieser oder jener Lebens(abschnitts)partner, für ›schwarz‹, ›gelb‹, ›grün‹ oder ›rot‹ stimmen – stets sind Entscheidungen zu treffen.

Insofern kommt in der Bezeichnung, die *Heinen* gewählt hat, auch **keine Programmbesonderheit** zum Ausdruck. Bei der undifferenzierten Rede von einer Entscheidungsorientierung bleibt ferner die Unterscheidung zwischen einer **entscheidungslogischen** und einer **realtheoretischen** Variante auf der Strecke. Dass es angebracht ist, zwischen beiden Spielarten einen klaren Trennungsstrich zu ziehen, soll die folgende Merkmalsbeschreibung zeigen:

Edmund Heinen
(1919–1996)

Entscheidungslogische Ansätze gehen von einer **unterstellten** Zielfunktion (i. d. R. Gewinnmaximierung, gelegentlich auch Kostenminimierung) sowie **gegebenen** einschränkenden Bedingungen (Restriktionen) aus.

Mithilfe mathematischer Verfahren (daher auch: mathematische Verfahrensforschung) können Informationen gewonnen werden, wie vorgegebene Ziele mit dem geringsten Mittelaufwand erreicht werden können.

Dagegen untersuchen **realtheoretische Ansätze** das **tatsächliche** Entscheidungsverhalten von Wirtschaftssubjekten sowie ihre dafür maßgeblichen Zielvorstellungen. Ihr Anliegen richtet sich auf Erklärungen.

Vor diesem Hintergrund scheint es angebracht, das besondere Charakteristikum des nunmehr zu betrachtenden Ansatzes in der **Öffnung der Betriebswirtschaftslehre zu den Sozialwissenschaften** zu sehen und damit ausschließlich die zweite, die realtheoretische Variante im Auge zu haben. Wie bereits zum Ausdruck kam, wird die geistige Vaterschaft gemeinhin *Edmund Heinen* zugeschrieben, der die Konturen dieses Programms unter dem Eindruck US-amerikanischer Vorarbeiten (*Herbert Simon* u. a.) erstmals in einem 1962 erschienenen längeren Aufsatz – interessanterweise als Festschriftbeitrag zum 65. Geburtstag von *Erich Gutenberg* verfasst – herausgearbeitet hat. Und in der Tat gibt es eine Beziehung zu *Gutenberg*. Erinnern wir uns: Die vom dispositiven Faktor (d. h. von der Geschäftsleitung) getroffenen **Entscheidungen** sind es, die dem Kombinationsprozess sein konkretes Gepräge geben. Während *Gutenberg* im dispositiven Faktor allerdings lediglich eine **formale Funktion** sah, stellt *Heinen* das **Entscheidungs- und Zielsystem** in den Mittelpunkt seiner Betrachtungen. So wird beispielsweise wie folgt argumentiert:

> »Die grundlegende Bedeutung der Zielentscheidungen zeigt sich auch beim Aufbau der Theorie der Unternehmung, die den Kern betriebswirtschaftlichen Erkenntnisstrebens darstellt. Am Anfang jeder Bemühung um eine solche Theorie steht die Frage, welcher Zielfunktion die Unternehmung entsprechen soll. Je nachdem, wie die Wahl der Zielfunktion ausfällt, wird der Aufbau der Unternehmungstheorie verschieden sein« (Heinen [Zielfunktion] 15).

Zum Zweck der Verortung seines Ansatzes stellt *Heinen* überraschenderweise eine zweifache Beziehung zu den bisherigen Forschungsbemühungen in der Betriebswirtschaftslehre her. Es werde eine »gewisse Synthese« angestrebt. Als »These« steht für *Heinen* das ethisch-normative Programm *Heinrich Nicklisch*s mit dem **Menschen** im Mittelpunkt. Die »Antithese« schreibt er *Erich Gutenberg* und der von ihm in den Vordergrund gerückten **Produktivitätsbeziehung** zu. Die Entscheidungsorientierung könne als »Vereinigung beider Wege« gelten, und vor diesem Hintergrund ist auch die Bemerkung zu sehen, die moderne Betriebswirtschaftslehre – gemeint ist das von ihm konzipierte entscheidungsorientierte Programm – habe sich »aus den ihr vorausgehenden Stufen im Grunde evolutionär entwickelt. Sie bedeutet keinen Bruch in dem stetig fortschreitenden wissenschaftlichen Entwicklungsprozess« (Heinen [Wissenschaftsprogramm] 208). Dass bei einem derart ausgeprägten **Bemühen um bruchlose Kontinuität** die Gefahr einigermaßen groß ist, gewisse Widersprüche in Kauf nehmen zu müssen, lässt sich vor dem Hintergrund der vorangehenden Ausführungen zu den Konzeptionen von *Nicklisch* und *Gutenberg* unschwer erahnen.

Entscheidungen als realwissenschaftliche Probleme

»Wenn Wirtschaften Wählen heißt, und wenn Wählen in enger Beziehung zu Entscheiden gesehen werden kann, dann hat sich die Betriebswirtschaftslehre schon immer mit Entscheidungen von Menschen in Unternehmungen befasst« (Heinen [Entscheidungsorientierter Ansatz] 21). Mit diesen Worten leitet *Heinen* einen programmatischen Aufsatz ein. Dennoch, so wird an anderer Stelle gesagt, gebe es einen bemerkenswerten Unterschied gegenüber den Forschungsbemühungen in der Vergangenheit: »Neu und für die Zukunft richtungsweisend ist nicht so sehr die Tatsache, **dass** sich die Betriebswirtschaftslehre mit Entscheidungen befasst, sondern die Art und Weise, **wie** sie Entscheidungen untersucht« (Heinen [Wissenschaftsprogramm] 208).

Die Hinwendung zu den sozialwissenschaftlichen Nachbardisziplinen, auf die *Heinen* abzielt, und die damit einhergehenden Problemverschiebungen kommen in der folgenden Passage (programmatisch) zum Ausdruck (Heinen [Grundfragen] 395 f.):

> »Die **entscheidungsorientierte Betriebswirtschaftslehre** entlässt […] den ›homo oeconomicus‹ der klassischen Mikroökonomie in das Reich der Fabel. Ihre Analyse des Entscheidungsverhaltens basiert auf Grundmodellen des Menschen, der Organisation und der Gesellschaft. Supradisziplinäre Konzepte (zum Beispiel Entscheidungs- und Systemtheorie) und betriebswirtschaftlich relevante Erkenntnisse vor allem der sozialwissenschaftlichen Nachbardisziplinen (zum Beispiel Sozialpsychologie, Soziologie, Psychologie, Politikwissenschaft, Volkswirtschaftslehre) sowie der Mathematik bilden das wissenschaftliche Fundament dieser Grundmodelle.«

Es ist also ein sehr weitreichender Anspruch, den *Heinen* geltend macht: Der mikroökonomische Denkstil wird kurzerhand suspendiert; bislang so nicht vorgesehene Modelle des Menschen, der Unternehmung und sogar der Gesellschaft sollen eingeführt, ›supradisziplinäre‹ Konzepte als methodischer Rahmen dienen, alle möglichen Erkenntnisse der sozialwissenschaftlichen Nachbardisziplinen aufgegriffen werden! Tasten wir uns an die Eigenheiten dieser Denkwelt zumindest annäherungsweise heran:

Um betriebswirtschaftliche Probleme unter Entscheidungsaspekten zu erfassen, wird u. a. eine **Unterteilung in Ziel- und Mittelentscheidungen** vorgenommen. Erstere, Zielentscheidungen also, betreffen Festlegungen darüber, »welche Ziele durch die betriebswirtschaftliche Betätigung zu erreichen sind« (Heinen [Einführung] 19). Bei Letzteren geht es um die Frage, wie – d. h. mithilfe welcher Mittel – die solchermaßen festgelegten Ziele erreicht werden können.

Gegenüber der vormals üblichen Betrachtungsweise liegt hier in der Tat eine bemerkenswerte Perspektiven- bzw. Problemverschiebung vor. Ziele werden nicht einfach – etwa in Form von Gewinnmaximierung (oder Kostenminimierung) – ›gesetzt‹, sondern als in Erfahrung zu bringende Tatbestände betrachtet. Im Hinblick darauf klassifiziert *Heinen* ([Einführung] 110 ff.) wie folg:

- Gewinn-, Umsatz- und Wirtschaftlichkeitsstreben,
- Sicherheitsstreben (Unternehmenspotenzial, Liquidität),
- sonstige Ziele (Prestige, Macht u. Ä.).

Mit Letzteren, den ›sonstigen Zielen‹, sind nun allerdings (und faktisch keineswegs nebensächliche) Tatbestände angesprochen, die die **Beweggründe individuellen Verhaltens** betreffen. Kann das Streben nach Gewinn oder Umsatz noch mit einiger Berechtigung der Unternehmung oder dem Betrieb zugeschrieben werden, so ist dies beispielsweise im Hinblick auf das Streben nach Prestige oder Macht kaum sinnvoll. In beiden Fällen handelt es sich klarerweise um Individualziele. Man mag daraus zugleich entnehmen, dass die im ersten Moment so plausibel erscheinende Vorstellung, Unternehmungen bzw. Wirtschaftsgebilde würden Ziele verfolgen, weiterführende Fragen aufwirft.

Das ist innerhalb der (weitverzweigten, aber keineswegs immer durchweg homogen argumentierenden) *Heinen*-Schule nicht unbemerkt geblieben. Dem damit thematisierten Verhältnis zwischen individuellen und organisationalen Zielen hat sich, was das entscheidungsorientierte Programm anbelangt, insbesondere *Werner Kirsch,* der das Fach übrigens später in eine **Führungslehre** (Kirsch [Führungslehre]) umdeutete, angenommen. Sein Grundgedanke ist folgender: Die am betrieblichen Geschehen beteiligten Individuen formulieren zunächst einmal Ziele für die Organisation. Sie sind Ausdruck persönlicher Bestrebungen, werden als solche aber häufig nicht zu erkennen gegeben:

> »Ziele für die Organisation und Individualziele stimmen zwar bisweilen überein. Meist versucht jedoch das Individuum, seine Individualziele zu verschleiern, wenn es Ziele für die Organisation formuliert. Das Individualziel mag beispielsweise in dem Streben nach persönlichem Prestige bestehen. Das diesem Individualziel entspringende öffentlich formulierte Ziel für die Organisation kann dagegen eine Ausweitung des Marktanteils für einen bestimmten Absatzsektor zum Inhalt haben« (Kirsch [Entscheidungsprozesse, Bd. 3] 132).

Ob derartige Ziele **für** die Organisation auch zu Zielen **der** Organisation werden, hängt vom Ausmaß der **Macht** ab, über das die am Unternehmensgeschehen Beteiligten verfügen. Einer mit nur geringer Macht ausgestatteten Person oder Gruppe wird es also kaum gelingen, weitreichenden Einfluss auf die tatsächlichen Ziele einer Unternehmung zu gewinnen. – Derartige Überlegungen lassen exemplarisch erkennen, dass und in welcher Form sozialwissenschaftliche Fragestellungen in die neuere Betriebswirtschaftslehre Eingang gefunden haben.

Erklärungs- und Gestaltungsaufgaben

Die entscheidungsorientierte Betriebswirtschaftslehre *Heinen*'scher Prägung erhebt den Anspruch, **zwei Wissenschaftsziele** zu verfolgen. Dabei wird – durchaus in Übereinstimmung mit der großen Mehrheit der Fachvertreter – von einer **Dienstleistungsfunktion der Betriebswirtschaftslehre gegenüber der betrieblichen Praxis** ausgegangen:

> »Das Bemühen der Betriebswirtschaftslehre ist letztlich darauf gerichtet, Mittel und Wege aufzuzeigen, die zur Verbesserung der Entscheidungen in der Betriebswirtschaft führen. Sie will durch die Formulierung entsprechender Verhaltensnormen den verantwortlichen Disponenten Hilfestellung leisten. Dieses Bestreben gipfelt in der Entwicklung von Entscheidungsmodellen zur Ableitung ›optimaler‹ oder ›befriedigender‹ Lösungen« (Heinen [Wissenschaftsprogramm] 209 f.).

*Heinen*s Beschreibung liefert einen ersten Hinweis auf seine Vorstellungen von der **Gestaltungsaufgabe** der Betriebswirtschaftslehre. Sie lässt zugleich erahnen, weshalb das Fach – worauf hier später zurückzukommen ist – als **praktisch-normative Wissenschaft** aufgefasst und wie die **Entscheidungslogik** ins Spiel gebracht wird: Modelle zur ›Ableitung‹ optimaler oder zumindest befriedigender Lösungen gilt es zu entwickeln.

Dem vorgelagert ist die **Erklärungsaufgabe**, und zwischen beiden Wissenschaftszielen wird die folgende Beziehung hergestellt:

> »Die Gestaltung eines Entscheidungsfeldes setzt eine deskriptive Analyse der in diesem Entscheidungsfeld enthaltenen Tatbestände und Zusammenhänge voraus. Eine solche ›Erklärung‹ des Entscheidungsfeldes steht im Mittelpunkt der Erklärungsfunktion der praktisch-normativen Betriebswirtschaftslehre. Es werden Erklärungsmodelle entwickelt, die die zur Verfügung stehenden Alternativen und die für die Prognose der Konsequenzen und Zulässigkeit der Alternativen maßgeblichen Gesetzmäßigkeiten bzw. Daten ›abbilden‹« (Heinen [Einführung] 24).

Wenn wir uns an die einführenden Überlegungen zu den grundsätzlichen Zielsetzungen von Wissenschaft erinnern (→ Abschn. 2.1.1 und 2.1.2), so lässt sich die Erklärungsaufgabe als **kognitives Ziel**, die Gestaltungsaufgabe als **praktisches Ziel** interpretieren. *Heinen*s Programmatik liegt also ganz auf dieser (wissenschaftstheoretisch gesicherten) Linie. Das bedeutet jedoch nicht, dass auf dieser Grundlage gleichsam automatisch auch für methodologisch und inhaltlich befriedigende Lösungen gesorgt wäre. An den Vorstellungen, was es mit der Erklärungsaufgabe innerhalb des entscheidungsorientierten Ansatzes auf sich hat, lässt sich dies demonstrieren: Sie erweisen sich als reichlich problematisch.

Im Vorfeld gilt es zunächst zu bekräftigen, dass innerhalb der empirischen Wissenschaften, die man auch als Erfahrungs-, Real- oder Wirklichkeitswissenschaften zu bezeichnen pflegt, Erklärungen ein hoher Stellenwert zukommt. Wie in → Abschn. 2.1.1 zu erfahren war, geht es dabei darum, einen zu erklärenden Sachverhalt aus theoretischen Gesetzmäßigkeiten und gewissen Rand- oder Anfangsbedingungen auf logisch-deduktivem Weg abzuleiten. Ganz in diesem Sinne äußert sich auch *Heinen*.

Zur Verdeutlichung, wie man sich dies seiner Ansicht nach vorzustellen hat, dient ihm ein typisches betriebswirtschaftliches Problem:

> »Eine Unternehmung sei illiquide, d. h. sie kann ihren Zahlungsverpflichtungen nicht mehr nachkommen. Diese Tatsache stellt das zu erklärende Phänomen dar (Explanandum). Eine Analyse der Vergangenheit der Unternehmung bringe unter anderem zutage, dass die Unternehmung keine Liquiditätsreserven besaß. Diese Tatsache ist eine erklärende konkrete Bedingung (Antecedensbedingung). Ein allgemeines betriebswirtschaftliches Gesetz besage nun, dass Unternehmungen illiquide werden, wenn sie keine Liquiditätsreserven besitzen. Dieses Gesetz ›erklärt‹ zusammen mit der sogenannten Antecedensbedingung die Illiquidität der betrachteten Unternehmung« (Heinen [Einführung] 24).

Nun muss hier einfach festgestellt werden, dass das »allgemeine betriebswirtschaftliche Gesetz«, von dem in dieser Passage die Rede ist, überhaupt nichts mit den für realwissenschaftliche Erklärungen benötigten allgemeinen Gesetzesaussagen zu tun hat. Es handelt sich vielmehr um eine **juristische Norm**, eine Regelung also, die von Menschen erdacht wurde, um in ihre sozialen Beziehungen eine gewisse Ordnung hineinzubringen. Derartige ›Gesetze‹ vermögen an der Realität auch nicht zu scheitern. Man kann sie lediglich wieder außer Kraft setzen. Das liegt beispielsweise dann nahe, wenn sich herausstellt, dass sie die ihnen zugedachten Ordnungsfunktionen nicht erfüllen. Bei Gesetzmäßigkeiten im realwissenschaftlichen Sinn ist Derartiges natürlich nicht möglich.

Gebietet es die Höflichkeit, über derlei Ungereimtheiten stillschweigend hinwegzugehen? Angesichts ihrer Tragweite fällt die Antwort eindeutig aus: Dies wäre allein schon deshalb unangemessen, weil die Art und Weise des Herangehens an die Erklärungsaufgabe maßgeblich über den Erfolg der sozialwissenschaftlichen Fundierung der Betriebswirtschaftslehre entscheidet. Insbesondere ist eine Vorentscheidung darüber erforderlich, **innerhalb welchen Bereichs** überhaupt von theoretischen Gesetzmäßigkeiten auszugehen sein könnte. (Die Antwort, die das verhaltenstheoretische Programm gibt, sei hier vorweggenommen: im Bereich des menschlichen Verhaltens und Handelns; → hierzu insbes. Abschn. 3.4.2). Wenn dabei auf juristische (oder sonstige) Normen verwiesen wird, wenn, wie andernorts nachweisbar (Heinen [Entscheidungstheorie] 1534), Definitionen gar mit Erklärungen verwechselt werden, dann muss das kognitive Ziel zwangsläufig unerreichbare Fiktion bleiben. – Vermutlich unbeabsichtigt, aber wohl nicht ganz zufällig klingt dies bei *Heinen* auch an: »Allerdings gelingt es bisher erst in wenigen Bereichen der Betriebswirtschaftslehre, zuverlässige und relativ dauerhafte Gesetzesketten von empirisch überprüften Ursache-Wirkungs-Beziehungen zu erkennen« (Heinen [Einführung] 25). Welche »wenigen Bereiche der Betriebswirtschaftslehre« gemeint sind, in denen bislang Gesetzesketten der erwähnten Art entdeckt wurden, geht aus den weiteren Ausführungen übrigens nicht hervor.

Betriebswirtschaftslehre als praktisch-normative Wissenschaft?

Heinen begreift seine entscheidungsorientierte Betriebswirtschaftslehre als eine **wertfreie**, gleichzeitig aber auch **praktisch-normative Wissenschaft** (Heinen [Einführung] 22 f.). Wie zahlreiche andere Fachvertreter glaubt er damit, das auf *Max Weber* zurückgehende **Postulat der Wert-**

freiheit in Anspruch nehmen zu können, weil – in Abkehr vom bekennend-normativen Ansatz eines *Heinrich Nicklisch* (→ Abschn. 3.1.3) – darauf verzichtet wird, »neben Empfehlungen zur Erreichung bestimmter Ziele auch Empfehlungen über zu verfolgende Ziele, etwa auf Grund der ethischen Einstellung des Forschers zu geben« (Heinen [Wissenschaftsprogramm] 209). Was als praktische Normativität bezeichnet wird, bezieht sich seiner Meinung nach ausschließlich auf die **Mittel** zur Zielerreichung: Die Aufgabe der Wissenschaft bestehe darin, Aussagen darüber abzuleiten, „wie das Entscheidungsverhalten der Menschen in der Betriebswirtschaft sein soll, wenn diese bestimmte Ziele bestmöglich erreichen wollen" (ebenda).

Was im ersten Moment plausibel, vielleicht sogar selbstverständlich erscheinen mag, erweist sich bei näherem Hinsehen in mehrfacher Hinsicht keineswegs als eine befriedigende Lösung des Normenproblems in der Betriebswirtschaftslehre. In Verbund mit praktischer Normativität werde Wertfreiheit, so ein seinerzeit vorgebrachter massiver Einwand, „zur bloß scheinhaften, wo mangelnde Kritik Alternativen auslöscht, wo Werte und Ziele positivistische Hypostasen sind, die nur insofern ausgeklammert werden, als man die Augen vor ihrem Zustandekommen verschließt", was auf einen „blind affirmative Charakter" (Glaeser [Verhältnis] 675) des Fachs hinauslaufe. Ähnlich schwerwiegend, in dieselbe Richtung zielend ist das ebenfalls von marxistisch-neodialektischer Seite seinerzeit vorgebrachte Argument, es sei damit „unter dem Heiligenschein der Wertfreiheit möglich, dass die Betriebswirtschaftslehre ihre Wissenschaft einer kleinen Gruppe in der Gesellschaft, den Unternehmern (Kapitaleigner, Manager), zur Realisierung ihrer Ziele zur Verfügung stellt" (Hundt/Liebau [Verhältnis] 226). – *Heinen* hat sich von derlei Anwürfen durchaus beeindrucken lassen, hielt ein „Überdenken des Problems der Wertfreiheit für erforderlich" (Heinen [Entscheidungsorientierter Ansatz] 33), konnte sich aber nicht dazu entschließen, ein öffentlich nachvollziehbares Ergebnis seines „Überdenkens" mitzuteilen...

Über die gerade in gebotener Kürze referierte Kritik an praktischer Normativität bei gleichzeitiger Wertfreiheit hinaus erweist sich das für die *Heinen*'sche Position charakteristische Zweck-Mittel-Denken wegen des ihm innewohnenden **naturalistischen Fehlschlusses** als fragwürdig. Einem solchen liegt die Vorstellung zugrunde, die Mittelverwendung ließe sich wertmäßig neutralisieren, wenn von gegebenen Zweck- bzw.

Zielsetzungen ausgegangen wird. Davon kann offensichtlich nicht ausgegangen werden. So hat insbesondere *Gunnar Myrdal* überzeugend dargelegt, dass die Mittelwahl regelmäßig (wenn vielleicht auch unterschiedlich stark) die Zielsetzung selbst tangiert, dass also „nicht nur Zwecke Gegenstand von Wertsetzungen sind, sondern auch Mittel. Die Mittel sind nicht wertmäßig indifferent. Die Wertsetzung bezieht sich jeweils auf einen ganzen Verlauf und nicht auf sein antizipiertes Schlussresultat" (Myrdal [Wertproblem] 217; vgl. auch Albert [Vernunft] 57 f.).

Der erwähnte naturalistische Fehlschluss, wie er der Vorstellung von Wertneutralität bei gleichzeitiger praktischer Normativität – in aller Regel äußert sich letztere in Form von **Gestaltungsempfehlungen** – zugrunde liegt, besteht darin, dass von **Sach- auf Sollaussagen** geschlossen wird. Das ist allein schon logischer (und darüber hinaus auch faktischer) Gründe wegen problematisch, es sei denn, es wird zusätzlich ein wie immer geartetes normatives Prinzip eingeführt – für das es allerdings keine kognitive Deutungsmöglichkeit gibt und daher eine unbefriedigende Lösung bliebe.

Hat dieses Ergebnis Konsequenzen im Hinblick auf das praktische Ziel der Betriebswirtschaftslehre (→ Abschn. 2.1.2)? Wird dieses etwa gar zu einer unerreichbaren Fiktion? Das ist keineswegs der Fall. Wenn nämlich zusätzlich gefragt wird, worin das realwissenschaftliche Anliegen (einzig und allein) besteht und wo es mithin seine Grenzen findet, so gibt es darauf eine eindeutige Antwort: Eine Realwissenschaft – und die Betriebswirtschaftslehre ist eine solche – vermag ausschließlich **Informationen zu** liefern. Und Informationen sind frei von präskriptiven, also vorschreibenden Prädikaten, wie sie in Empfehlungen für praktisches Gestalten und Handeln zwangsläufig enthalten sein müssten.

In der Sprache des Alltags, die bekanntlich von allen möglichen Ungenauigkeiten durchsetzt ist, geht die Unterscheidung zwischen Information und Empfehlung häufig verloren – was sich in der Regel auch nicht besonders nachteilig bemerkbar macht. Dem gegenüber sind an die Sprache der Wissenschaft höhere Anforderungen zu stellen. Sie sollte sich insbesondere durch möglichst hohe **Klarheit** auszeichnen. Die Differenzierung zwischen Sach- und Sollaussagen, zwischen Deskription und Präskription, trägt dieser Anforderung Rechnung, aber sie ist darüber hinaus auch in **wissenschaftsethischer Hinsicht** nützlich. Zugespitzt ausgedrückt geht es darum, dass man sich als Wissenschaftler –

man denke etwa an Beratungssituationen – nicht mehr anmaßen sollte, als einem aufgrund von herausgehobener (oder seitens der zu Beratenden lediglich vermuteten) Sachkompetenz zusteht. Bei der im ersten Moment vielleicht als relativ nebensächlich erscheinenden sprachlichen Unterscheidung zwischen verschiedenen Aussagenkategorien geht es mithin auch um **intellektuelle Rechtschaffenheit** – deren Mangel *Edmund Heinen* hier natürlich keineswegs unterstellt werden soll.

Die soeben angestellten Überlegungen, ob die Betriebswirtschaftslehre als wertfreie, normative oder wertfreie, gleichzeitig praktisch-normative Disziplin konzipiert werden sollte, laufen demnach auf eine Entscheidung für Wertfreiheit im Sinne von *Max Weber* hinaus (→ ergänzend dazu die knappen Hinweise in Abschn. 3.1.3). Sie wird, dies sei dem hinzugefügt, im Fach keineswegs überall geteilt und man darf vermuten, dass es sich um eine Art Dauerthema handelt – nicht nur in der Betriebswirtschaftslehre übrigens. Eines aber sollte deutlich geworden sein: wertfrei und gleichzeitig praktisch-normativ geht gar nicht...

Unabhängig von der teilweise recht kritisch ausgefallenen Beurteilung des entscheidungsorientierten Programms (in der von *Heinen* vertretenen Fassung) gilt es abschließend festzuhalten, dass das **heuristische Potenzial** der damit vollzogenen Öffnung zu sozialwissenschaftlichen Nachbardisziplinen als beträchtlich einzuschätzen ist. Indem die einseitig ökonomi(sti)sche Betrachtung des betriebswirtschaftlichen Erkenntnisobjekts in Gestalt einer im Kern sozialwissenschaftlich ausgerichteten Perspektive Konkurrenz bekommen hat, sind der Betriebswirtschaftslehre damit neue und wichtige Zugangsmöglichkeiten zu bislang verschlossen gebliebenen Problemfeldern eröffnet worden.

3.2.3 Hans Ulrich: Betriebswirtschaftslehre in systemtheoretisch-kybernetischer Perspektive

Parallel zur Entwicklung des entscheidungsorientierten Ansatzes wandten sich ab Mitte der 1960er Jahre verschiedene Fachvertreter auch dem **Systemdenken** zu, das seinerzeit nicht nur in der Betriebswirtschaftslehre sehr *en vogue* war. Dabei wurden die Grenzen nicht scharf gezogen – ganz im Gegenteil: »Der entscheidungsorientierte Ansatz der Betriebswirtschaftslehre betrachtet die Betriebswirtschaft« – gemeint ist der Betrieb bzw. die Unternehmung – »als äußerst komplexes, offenes soziales System mit einer Reihe funktionaler Subsysteme« (Heinen [Entscheidungsorientierter Ansatz] 25). Und in einer späteren Veröffentlichung ist nachzulesen, es falle nicht schwer, »Entscheidungsprozesse und deren Wirkungen anhand eines systemorientierten Bezugsrahmens zu beschreiben [...] Für die entscheidungsorientierte Betriebswirtschaftslehre führt an einer Systembetrachtung – sowohl im Rahmen der Erklärungs- als auch der Gestaltungsaufgabe – kein Weg vorbei« (Heinen [Wandlungen] 57) – nebenbei bemerkt ein weiterer Beleg für *Heinen*s Eigenheit, alle möglichen Strömungen dem von ihm vertretenen Ansatz einzuverleiben.

Als Begründer der systemorientierten Betriebswirtschaftslehre gilt indes *Hans Ulrich*, Verfasser der 1968 erstmals erschienenen Studie mit dem ebenso programmatischen wie vielversprechenden Titel »Die Unternehmung als produktives soziales System«. Ihr liegt, präziser ausgedrückt und gleichzeitig in Abgrenzung zu anderen auf rein technische Regelungsprobleme fokussierte Spielarten, eine **sozialkybernetische Variante** systemischen Denkens zugrunde.

Das betriebswirtschaftliche Erkenntnisobjekt in systemtheoretisch-kybernetischer Perspektive

Dass der traditionelle Hauptgegenstand der Disziplin – sei es nun der Betrieb, die Unternehmung oder die Wirtschaftsorganisation – als ein System begriffen werden kann, ist ebenso naheliegend wie trivial. *Ulrich*s definitorische Festlegung lässt dies unschwer erkennen: »Unter einem System verstehen wir eine geordnete Gesamtheit von Elementen, zwischen denen irgendwelche Beziehungen bestehen oder hergestellt werden können« (Ulrich [Unternehmung] 105).

Systeme – und dies ist zweifellos eine etwas ernüchternde Einsicht – können demnach nahezu alles sein, was man sich an real existierenden Gegenständen vorstellen kann. Es dürfte nicht schwer sein, stets Teile bzw. Elemente zu entdecken, zwischen denen irgendwelche Beziehungen bestehen, sodass insofern auch eine gewisse Struktur bzw. Ordnung vorliegt oder entsteht.

Auf Besonderheiten betriebswirtschaftlich relevanter Systeme verweist *Ulrich* mithilfe der Merkmale ›produktiv‹ und ›sozial‹. Wenn man so will, kann darin eine bemerkenswerte Problemverschiebung gegenüber der Lehre vom Kombinationsprozess der Produktionsfaktoren mit seiner Dominanz des »produktionstheoretischen Standpunkts« gesehen werden. Dieser Aspekt wird von *Ulrich* – formal zumindest – zwar durchaus bedacht, gleichzeitig aber die damit verbundene Einengung aufgegeben: Unternehmungen sind sowohl **produktive** als auch **soziale** Systeme. Auf die Frage, wie diese Idee inhaltlich ausgefüllt wird, ist noch zurückzukommen.

Hans Ulrich
(1919–1997)

Die Unternehmung begreift *Ulrich* nun nicht als System schlechthin, sondern als ein **Regelsystem**. Hier wird gleichzeitig deutlich, weshalb oben von einem sozialkybernetischen Ansatz gesprochen wurde, denn bei der **Kybernetik** handelt es sich um eine allgemeine Regelungslehre. Und dass es naheliegt, diesen Gedanken für die Betriebswirtschaftslehre zu nutzen, ist einigermaßen offensichtlich: Unternehmen bzw. Wirtschaftsorganisationen bedürfen klarerweise der Lenkung und Steuerung.

Das allerdings ist keine nur Wirtschaftsorganisationen vorbehaltene Eigenheit. Viele andere Institutionen sind ebenfalls steuerungsbedürftig. *Ulrich* trägt dem in späteren Publikationen dadurch Rechnung, dass nicht lediglich von (systemorientierter) Betriebswirtschaftslehre, sondern von (systemorientierter) **Managementlehre** gesprochen und damit eine beträchtliche Erweiterung der Erkenntnisperspektive vorgenommen wird:

> »Im Unterschied zu den meisten Autoren der Managementlehre, welche ihre Aussagen auf privatwirtschaftliche Unternehmungen beziehen, fassen wir den Objektbereich, der eine Managementlehre interessieren muss, viel weiter auf; er umfasst alle zweckgerichteten Institutionen der menschlichen Gesellschaft« (Ulrich [Management] 133).

Das ist eine beträchtliche Erweiterung, die im Fach aus gut nachvollziehbaren Gründen nicht auf ungeteilte Zustimmung stößt. Sie läuft letzten Endes darauf hinaus, dass damit dem traditionellen Objekt der Betriebswirtschaftslehre sein disziplinkonstituierender Charakter abgesprochen wird. Halten wir uns hier aber an *Ulrich*s dem Unternehmen gewidmeten Ausführungen: In welchem Sinn die Institution ›Unternehmung‹ als regelungsbedürftiges System betrachtet werden kann, lässt sich der folgenden Abbildung entnehmen (gegenüber Ulrich [Unternehmung] 126 leicht abgewandelt):

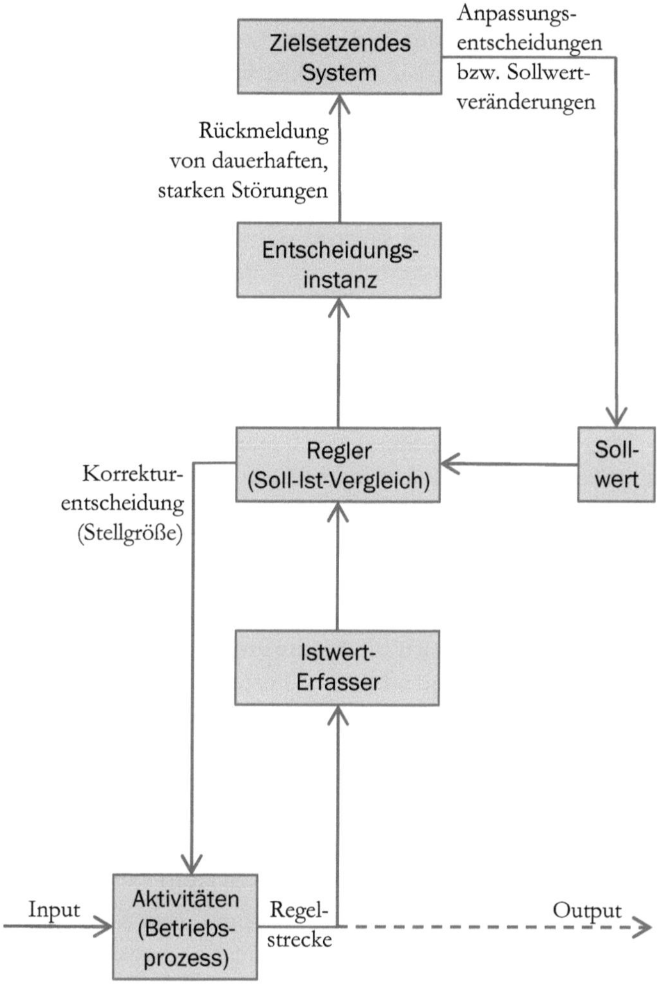
Zielsetzendes System
Anpassungs-entscheidungen bzw. Sollwert-veränderungen
Rückmeldung von dauerhaften, starken Störungen
Entscheidungs-instanz
Regler (Soll-Ist-Vergleich)
Soll-wert
Korrektur-entscheidung (Stellgröße)
Istwert-Erfasser
Input
Aktivitäten (Betriebs-prozess)
Regel-strecke
Output

Einer derartigen Interpretation des Unternehmensgeschehens liegen folgende Vorstellungen zugrunde: Innerhalb des ›normalen‹ betrieblichen Geschehens genügt es, gewisse **Korrekturentscheidungen** zu treffen. Das geschieht dadurch, dass die Ergebnisse des Betriebsprozesses (Output) erfasst und mit einem Sollwert (z. B. einem bestimmten Qualitätsstandard der Produkte) verglichen werden. Eine Entscheidungsinstanz nimmt ggf., d. h. wenn keine besonders großen Abweichungen zu verzeichnen sind, die erwähnten Korrekturentscheidungen vor. Derartige Prozesse vollziehen sich unterhalb der Ebene der Unternehmensführung.

Nun ist es möglich, dass es zu dauerhaften, starken Störungen kommt, die sich mithilfe von einfachen Korrekturentscheidungen nicht beseitigen lassen. Hier müssen **Anpassungsentscheidungen** durch die zielsetzende Instanz, die an der Spitze der Unternehmung stehenden Personen also, getroffen werden. Auf diese Weise entsteht ein zweiter Regelkreis, wobei es ggf. zur Formulierung eines neuen Sollwerts kommt, der fortan die Grundlage für Vergleiche mit den tatsächlich realisierten Ergebnissen (Istwert) bildet.

Was wird durch eine derartige Interpretation betrieblicher Sachverhalte gewonnen? Zunächst lässt sich die **Steuerungs-, Lenkungs- oder Führungsproblematik** sehr gut erkennen. Ferner wird berücksichtigt, dass Wirtschafts- oder andere steuerungsbedürftige Organisationen Gebilde darstellen, die in eine größere Umwelt ›eingebettet‹ sind und mithin **auf Umwelteinflüsse reagieren müssen** (wobei, dies hier nebenbei, durchaus auch an eine aktive Gestaltung dieser Umwelt zu denken ist). All das führt zu der Vorstellung, dass es sich bei dem betriebswirtschaftlichen Erkenntnisobjekt um ein prinzipiell **offenes System** handelt.

Welcher Stellenwert dieser Perspektive zukommt, lässt sich allerdings erst anhand ihrer inhaltlichen Ausfüllung beurteilen. Aufschlussreiche erste Hinweise darauf ergeben sich, wenn das vom systemorientierten Programm favorisierte Wissenschaftsziel analysiert wird. Dabei erweist es sich als zweckmäßig, die Abschnittsüberschrift in Gestalt einer (leicht polemischen) Frage zu formulieren.

Welche Ziele verfolgt das systemorientierte Programm nun eigentlich?

Mit nahezu allen Fachvertretern ist sich *Ulrich* darin einig, dass die wohl wesentlichste Aufgabe der Betriebswirtschaftslehre darin besteht, der betrieblichen Praxis Lösungshilfen zur Verfügung zu stellen – womit es wohl auch seine Richtigkeit hat. Dieses Anliegen kommt bei ihm etwa in der Formulierung zum Ausdruck, die Disziplin könne »aufgefasst werden als Wissenschaft, welche in ihrem praktischen Ziel danach strebt, [...] Methoden zur Lösung von Problemen anzubieten [...]« (Ulrich [Unternehmung] 160).

Der Weg, wie dieses Ziel erreicht werden soll, ist bei *Ulrich* allerdings nicht ganz einfach erkennbar, denn er hat seine diesbezüglichen Auffassungen gleich mehrfach revidiert. Im Folgenden soll dem nachgegangen werden und dabei ist zu prüfen, wie es um die Stichhaltigkeit der bei verschiedenen Gelegenheiten vollzogenen Schwenks bestellt ist. Die Legitimation dazu liefert der Wegbereiter des Systemdenkens innerhalb der deutschsprachigen Betriebswirtschaftslehre übrigens selbst: »Jeder Ansatz stellt ja ein Vor-Urteil dar, mit dem der wissenschaftliche Erkenntnisprozess in Angriff genommen wird, und er begrenzt zwangsläufig die möglichen Erkenntnisse, die man durch diesen Prozess gewinnen wird« (Ulrich [Systemorientierter Ansatz] 43).

In der schon mehrfach herangezogenen Studie – seinem Hauptwerk – »Die Unternehmung als produktives soziales System« heißt es beispielsweise, im Zusammenhang mit der Aufgabe des rationalen Gestaltens seien Methoden zu entwickeln, die es erlauben, die »möglichen oder tatsächlichen komplexen Geschehnisse zu analysieren und nach Ursache-Wirkungs-Zusammenhängen zu suchen«. An anderer Stelle wird beklagt, »die These vom grundlegend verschiedenen Charakter von Geistes- und Naturwissenschaften – wobei die Wirtschaftswissenschaften zu den Geisteswissenschaften gehören sollen – [...] hat der Betriebswirtschaftslehre den Zugang zu den in den Naturwissenschaften längst üblichen und bewährten Methoden der Erkenntnisgewinnung verbaut« (Ulrich [Unternehmung] 160 und 14 f.). Derartige programmatische Aussagen lassen sich nur so interpretieren, dass der Gestaltung die Erklärung des realen Geschehens **vorgelagert** ist oder ihr zumindest an die Seite gestellt werden muss. (Mit *Ulrich*s pauschaler Rede von ›Geisteswissenschaften‹ wollen wir uns hier nicht aufhalten.)

Bei dieser Sicht der Dinge ist es freilich nicht geblieben. In einem 1971 erschienenen Aufsatz wird die ursprüngliche Position praktisch völlig aufgegeben. Unter Berufung auf einen ›neuen Pragmatismus‹ stellt *Ulrich* fest:

> »Die Betriebswirtschaftslehre ist m. E. primär eine Gestaltungslehre, die sich von den Naturwissenschaften grundlegend durch ihre auf Zukunftsgestaltung und nicht auf Erklärung ausgerichtete Zielvorstellung, von den Ingenieurwissenschaften jedoch ›nur‹ dadurch unterscheidet, dass sie nicht technische, sondern soziale Systeme mit bestimmten Eigenschaften entwerfen will« (Ulrich [Systemorientierter Ansatz] 47).

Nun spricht tatsächlich einiges dafür, in der Betriebswirtschaftslehre »primär eine Gestaltungslehre« zu erblicken. Es fragt sich allerdings, wie es um die Leistungsfähigkeit und um den praktischen Nutzen bestellt ist, wenn eine Gestaltungslehre **ohne** Erklärungsgrundlage bleibt. Eine Antwort darauf wurde bereits in → Abschn. 2.1.2 gegeben; eine wiederholte Erörterung erübrigt sich damit.

Später hat *Ulrich*s Programm weitere Korrekturen methodologischer Art erfahren. So ist in einem 1976 erschienenen Aufsatz nicht mehr von dem erwähnten ›neuen Pragmatismus‹ die Rede. Als methodologische Basis soll nunmehr stattdessen eine »evolutionistische Theorie des Wissens« und, darauf aufbauend, die »Lehre vom Primat der Theorie« (Ulrich u. a. [Praxisbezug] 140 ff.) dienen, während noch 1971 eine derartige Vorgehensweise als »Produktionsumweg« (Ulrich [Systemorientierter Ansatz] 46) klassifiziert wurde. Aufgrund dieser Problemverschiebung begreift sich der (solchermaßen revidierte) Systemansatz bzw. die systemorientierte Managementlehre »als Mittler zwischen Theoriebildung und Grundlagenforschung einerseits und zwischen Theorie und Unternehmenspraxis andererseits« (Ulrich u. a. [Praxisbezug] 149). – Eine deutlichere Abkehr von der ursprünglichen methodologischen und erkenntnistheoretischen Position kann man sich kaum vorstellen.

Später ist allerdings auch diese Position verworfen worden. In einem Aufsatz, in dem *Ulrich* den Weg von der Betriebswirtschaftslehre zur

systemorientierten Managementlehre skizziert und dabei auch zu Protokoll gibt, »von welchem Wissenschaftsbild ich selbst heute(!) ausgehe im Versuch, die Probleme der Managementlehre in den Griff zu bekommen« (Ulrich [Managementlehre] 184), wird u. a. »zu zeigen versucht, dass angewandte oder anwendungsorientierte Wissenschaften einen ganz anderen Charakter haben als theoretische Disziplinen« (Ulrich [Managementlehre] 177). Die totale Andersartigkeit äußert sich für den Begründer der systemtheoretischen Perspektive in Folgendem:

- In den theoretischen Wissenschaften entstehen die Probleme in den Wissenschaften selbst, in den anwendungsorientierten entstehen sie in der Praxis.
- Die Probleme der theoretischen Wissenschaften sind disziplinär, die der anwendungsorientierten adisziplinär.
- Die Forschungsziele der theoretischen Wissenschaften betreffen Theorieentwicklung und Theorieprüfung sowie das Erklären der bestehenden Wirklichkeit, die der anwendungsorientierten das Entwerfen möglicher Wirklichkeiten.
- Die angestrebten Aussagen der theoretischen Disziplinen sind deskriptiv und wertfrei, die der anwendungsorientierten normativ-wertend.
- In den theoretischen Wissenschaften fungiert die Wahrheit als Forschungsregulativ, in den angewandten die Nützlichkeit.
- Als Fortschrittskriterien gelten in den theoretischen Wissenschaften Allgemeingültigkeit, Bestätigungsgrad, Erklärungs- und Prognosekraft von Theorien, in den anwendungsorientierten praktische Problemlösungskraft von Modellen und Regeln.

Ulrich geht hierbei selbstverständlich davon aus, dass die systemorientierte Managementlehre völlig unzweideutig in die Gruppe der anwendungsorientierten Wissenschaften (im beschriebenen Sinn) gehört, und wer seine Problemsicht nicht hinterfragt, wird vermutlich keinen Anlass sehen, die Plausibilität der Gegenüberstellung anzuzweifeln. Bei näherer Betrachtung stellt sich jedoch sehr schnell heraus, dass – und dies gilt Punkt für Punkt – daran einiges zutreffend, das meiste jedoch viel zu undifferenziert oder sogar völlig abwegig ist:

- Bei der Verfolgung des theoretischen Wissenschaftsziels geht es keineswegs lediglich darum, die **bestehende** Wirklichkeit zu erklären, denn Theorien informieren nicht nur über Gegebenes, sondern auch über zukünftig Mögliches (und ebenso: Unmögliches). Das in ihnen gespeicherte Wissen kann mithin auch für praktische Zwecke bzw. in gestalterischer Absicht verwandt werden. Mehr noch: Häufig handelt es sich sogar um eine wesentliche Voraussetzung dafür. (Andere Voraussetzungen sind insbesondere das prinzipielle Wollen der Menschen sowie natürlich auch die Verfügbarkeit der dazu benötigten Ressourcen.)
- Die Möglichkeiten einer (im wohlverstandenen Sinn) wertfrei betriebenen Wissenschaft werden von *Ulrich* grob unterschätzt bzw. nicht zur Kenntnis genommen.
- Theoretische Probleme können, wofür es unzählig viele Beispiele gibt, durchaus in der Praxis entstehen.
- Zwischen dem die Wissenschaft insgesamt leitenden Wahrheitsstreben und dem Interesse des Praktikers an nützlichen Problemlösungen gibt es vielfältige (und keineswegs nur schwache) Berührungspunkte.
- Die praktische Problemlösungskraft von Modellen und Regeln lässt sich auf der Grundlage einer theoretischen Analyse ihrer Anwendungsbedingungen beträchtlich erweitern.

Der Katalog möglicher Einwendungen gegen ein unverhohlen **zweigeteiltes Wissenschaftsbild** ließe sich mühelos um den einen oder anderen Punkt erweitern. Stattdessen soll im Weiteren geprüft werden, was von Ulrichs »systemischer Perspektive« zu erwarten ist.

Zur Leistungsfähigkeit von Systemtheorie und Kybernetik

Systemtheorie und Kybernetik sind Grundbausteine des hier zur Diskussion stehenden Programms. Durch ihre Einbeziehung wird die Interdisziplinarität der Betriebswirtschafts- bzw. Managementlehre, so ließe sich argumentieren, gewissermaßen auf eine (noch) breitere Basis gestellt. Folgen wir zunächst *Ulrich*s Ausführungen zum Charakter der **Systemtheorie**:

> »Die Systemtheorie ist viele Stufen abstrakter und inhaltloser als jede andere übliche Wissenschaft [...] Sie ersetzt keine bestehende Wissenschaft, sondern bringt in diese nur eine neue Perspektive ein und führt damit zu neuen Fragestellungen und neuen Erkenntnissen« (Ulrich [Managementlehre] 181).

Und zur **Kybernetik** heißt es:

> »Dieses Teilgebiet der Systemtheorie befasst sich mit einem bestimmten Phänomen, das überall in der Natur und der Gesellschaft vorkommt, demjenigen der Lenkung, dem Unter-Kontrolle-Halten von Zuständen. Sie ist also durchaus eine empirische Wissenschaft, aber mit einem Problembereich, der gewissermaßen querliegt zu allen üblichen wissenschaftlichen Disziplinen« (ebenda).

Im Weiteren soll der Frage nachgegangen werden, ob Systemtheorie und Kybernetik tatsächlich geeignet sind, die realwissenschaftliche Theoriebildung und die Erklärungsaufgabe der Betriebswirtschaftslehre zu erübrigen. In diesem Fall spräche in der Tat einiges dafür, die von *Ulrich* (am Ende einer langen methodologischen Odyssee) in letzter Konsequenz nachhaltig betonte Einengung auf die Gestaltungsaufgabe vorzunehmen.

Von der Systemtheorie muss man zunächst wissen, dass es sich dabei in erster Linie um eine bestimmte Sprache zur **Beschreibung** von sehr vielen realen Erscheinungen handelt. So unterschiedlich diese im Einzelnen auch sein mögen – Elemente und strukturelle Beziehungen sind fast stets vorhanden, und in diesem Zusammenhang mag von Interesse sein, dass eine Zielsetzung der auf *Ludwig von Bertalanffy* zurückgehenden Allgemeinen Systemtheorie zeitweilig darin gesehen wurde, einen einheitlichen, an keine bestimmte wissenschaftliche Disziplin gebundenen **Begriffsapparat** zu schaffen. Auf den ersten Blick ist das eine faszinierende Idee, denn eine derartige Einheitssprache würde die Verständigung innerhalb der Wissenschaft und speziell zwischen einzelnen Disziplinen erheblich erleichtern. Ihre Anhänger betonen daher auch mit gewisser Regelmäßigkeit, erst die Systemtheorie ermögliche eine interdisziplinäre Vorgehensweise; gewissermaßen als Esperanto der Wissenschaft fungierend.

Wird die Realisierbarkeit solcher Vorstellungen überprüft, dann stößt man ziemlich schnell auf einen ernüchternden Tatbestand, der sich in aller Kürze wie folgt formulieren lässt: Begriffe sind für die wissenschaftliche Analyse umso unbrauchbarer, je allgemeiner sie sind! (Bei Theorien ist es übrigens genau umgekehrt.) Zumindest sinngemäß klingt genau das an, wenn sich *Erich Gutenberg* in seinen nachgelassenen Schriften mit unverkennbar spöttischem Unterton auf geradezu vernichtende Weise wie folgt äußert:

> »Der Systemansatz von Ulrich liefert keine methodische Prozedur, weder für Fragen der Prozessanalyse noch der Prozessgestaltung. Es wird nur ausführlich gesagt, dass es Systeme ›natürlicher‹ und ›künstlicher‹ von Menschen geschaffener Art gibt, dass sich ein System durch eine Menge von Elementen kennzeichnet, zwischen denen Abhängigkeiten bestehen, dass Systeme sich in Subsysteme untergliedern lassen, dass es offene und geschlossene, deterministische und probabilistische, statische und dynamische Systeme gibt […] Über die Beliebigkeit des Systembegriffs im heutigen deutschen Sprachgebrauch (und nicht nur in ihm) kommt Ulrich denn auch nicht hinaus […] Dem Systemansatz von Ulrich fehlt [...] die Systemidee. Er ist blass und nur eine Rahmenbedingung unverbindlicher Art. Es ist schwer zu verstehen, wie ein solcher Systemansatz den Gegenstand einer Disziplin zu bestimmen die Kraft haben soll« (Gutenberg [Unternehmung] 169 f.).

Wenn von *Ulrich* und einem Mitautor festgestellt wird, der Systemansatz stelle »ein abstraktes interdisziplinäres Begriffssystem zur Verfügung, das nicht durch inhaltliche Vor-Urteile oder A-priori-Annahmen über die Wirklichkeit belastet ist« (Ulrich/Hill [Grundlagen] 172), so kann in dieser Eigenschaft demnach keineswegs ein besonderer Vorzug erblickt werden.

Unschuldig-vorurteilsfrei ist das systemtheoretisch-kybernetische Prozedere gleichwohl nicht. Demonstrieren lässt sich dies u. a. anhand der dort häufig – und so auch bei *Ulrich* – benutzten **Idee des schwarzen Kastens**. Sie soll hier abschließend betrachtet und auf ihre inhaltliche Problematik hin beurteilt werden. Vorab schon dies: Schmeichelhaftes sollte der Leser nicht erwarten...

Der Betriebsprozess als Black Box?

Bei der betrieblichen Leistungserstellung handelt es sich um einen Transformations- bzw., etwas anschaulicher formuliert, um einen **Wertumwandlungsprozess**: Input wird zu – hoffentlich höherwertigem – Output. Sprechen wir hier der Kürze wegen vom Betriebsprozess, der selbstverständlich der Steuerung bedarf. Im Rahmen der systemtheoretischen Betrachtungsweise *Ulrich*'scher Prägung kommt nun an dieser Stelle der schwarze Kasten wie folgt ins Spiel:

> »Wir versuchen gar nicht, die Vorgänge im Innern des Systems im Einzelnen zu erfassen und entsprechende Ursache-Wirkungen-Beziehungen festzustellen, sondern begnügen uns mit dem, was wir von außen beobachten können: Inputs und Outputs. Das System selbst betrachten wir als etwas Unzugängliches, eben als schwarzen Kasten. Wir beobachten nun aber nicht nur die Ein- und Ausgänge, sondern wir manipulieren den Input und registrieren, was dabei als Output herauskommt« (Ulrich [Unternehmung] 132).

Die Darstellung lässt zunächst auf ziemlich offensichtliche Weise das (zeitweilige?) **technokratische Wissenschaftsverständnis** des Begründers der systemorientierten Betriebswirtschaftslehre erkennen. Wie aber, und einzig darauf soll es hier ankommen, steht es um die Leistungsfähigkeit einer derartigen Vorstellung vom Betriebsprozess? Und kann auf einer solchen Basis das in den Mittelpunkt gestellte Gestaltungsziel tatsächlich erreicht werden?

Zunächst ist zuzugestehen, dass Black-Box-Betrachtungen aus der Wissenschaft nicht wegzudenken sind; insbesondere bei Experimenten wird mitunter in einer der *Ulrich*'schen Empfehlung nahekommenden Weise vorgegangen. Im Hinblick auf das Unternehmensgeschehen erweist sie sich allerdings nicht nur streckenweise als völlig inadäquat. Mithilfe von ›Inputmanipulationen‹ wird man beispielsweise dem an Bedeutung kaum hoch genug einzuschätzenden Problem der individuellen Leistungsbereitschaft nie und nimmer gerecht werden können. Hierzu ist, wie bei sehr vielen anderen gestaltungsbedürftigen Phänomenen, eine Fülle an Wissen erforderlich, das gerade die im obigen Zitat erwähnten »Vorgänge im Inneren des Systems« betrifft. Wer meint, darauf verzichten zu können, muss letzten Endes mit negativen Konsequenzen im Hinblick auf die Qualität praktischen Gestaltens rechnen. Vor dem Hintergrund des erklärten Ziels des sozialkybernetischen Ansatzes – Praxisverbesserung nämlich – dürfte dem einige Bedeutung zukommen.

Aber eine noch viel weiterreichende Schlussfolgerung im Hinblick auf das systemorientierte Programm *Ulrich*scher Prägung kann gezogen werden: Läuft dieses Programm – zugespitzt formuliert – nicht auf eine radikale Amputation der Betriebswirtschaftslehre hinaus, weil die Vorstellung vom Betrieb als Black Box einen Großteil der Realproblematik überhaupt nicht in ihr Blickfeld geraten lässt?

Dieses Analyseergebnis bedeutet keineswegs, dass die Disziplin von Teilen des systemtheoretischen und kybernetischen Gedankenguts keinen Gebrauch machen könnte und sollte. Der realwissenschaftliche Anspruch zwingt ja gerade dazu, ›in Zusammenhängen zu denken‹, um den verschiedenen Verflechtungen innerhalb einer Unternehmung und deren Umweltbeziehungen Rechnung zu tragen. Ferner spielen Rückkopplungsmechanismen verschiedenster Art im sozialen Bereich eine zentrale Rolle. Und ist es nicht eine Binsenweisheit, dass Unternehmen lenkungs- bzw. steuerungsbedürftig sind?

Wenn auch nicht unter Bezug auf systemtheoretisch-kybernetisches Vokabular, lässt sich Derartiges schon bei *Adam Smith* seit 1776, dem Erscheinungsjahr seines »Wohlstands der Nationen«, nachlesen. Allein deshalb trifft die von *Ulrich* gelegentlich beklagte »hartnäckige Abneigung vieler Wirtschafts- und Sozialwissenschaftler, Systemtheorie und Kybernetik für sozialwissenschaftlich relevant zu halten« (Ulrich [Betriebswirtschaftslehre] 19), so keineswegs zu.

In Gestalt der ökologisch verpflichteten Betriebswirtschaftslehre ist übrigens später ein Ansatz vorzustellen, dem, ohne dass von ihren Protagonisten darum sonderlich viel Aufhebens gemacht wird, implizit ebenfalls eine Systemperspektive zugrunde liegt (→ Abschn. 3.3.2). Es handelt sich sogar um eine besonders konsequente Ganzheitsbetrachtung, geht es dort doch darum, der Beziehung zwischen dem Unternehmen und seiner natürlichen Umwelt systematisch-explizit Rechnung zu tragen.

3.3 Episodische und auf Dauer angelegte perspektivische Erweiterungen

Dass Teilen der Betriebswirtschaftslehre die **Tendenz zu einer ideologischen Schlagseite** innewohnt, ist dem Fach – wohl nicht ganz zu Unrecht – in der Vergangenheit oft vorgehalten worden: Einseitig ›kapitalorientiert‹ sei sie; der Gewinn des Unternehmers bzw. der Kapitaleigner sei das Einzige, worauf sich ihre Kalküle beziehen und worüber sie informieren. In Gestalt der **Arbeitsorientierten Einzelwirtschaftslehre** wurde dem – wir befinden uns in den frühen 1970er Jahren – eine alternative Sichtweise gegenübergestellt, in deren Mittelpunkt die Interessen der ›abhängig Beschäftigten‹ stehen. Wie dies programmintern erfolgen soll, gilt es im Weiteren nachzuvollziehen. In Form einer kleinen Ergänzung wird abschließend der Blick auf einen Bereich der Ökonomie gelenkt, der seinerzeit ebenfalls in den Fokus des Interesses gelangte – die **Alternativwirtschaft**.

Während sowohl die ›Arbeitsorientierte Einzelwirtschaftslehre‹ als auch das Forschungsfeld ›Alternativwirtschaft‹ in der Disziplin nur zeitweilige (und ohnehin eher beiläufige) Beachtung fanden, ist durch explizite Berücksichtigung der **ökologischen Dimension** permanent Bedeutsames in dem Sinn begründet worden, dass die Umweltbezogenheit des Wirtschaftens fortan im Prinzip in jedem betriebswirtschaftlichen Wissenschaftsprogramm behandlungsfähig sein muss. (Das gilt selbstredend auch für ›abhängig Beschäftigte‹; → insbesondere Abschn. 3.4.2)

3.3.1 Arbeitsorientierte Einzelwirtschaftslehre: Umrisse eines Kontrastprogramms

Die Arbeitsorientierte Einzelwirtschaftslehre – meist einfach AOEWL genannt – nimmt bereits wegen ihrer **Entstehungsgeschichte** eine Sonderstellung ein, wurde sie doch von einer Projektgruppe im Wirtschafts- und Sozialwissenschaftlichen Institut des Deutschen Gewerkschaftsbundes (WSI) und damit **außerhalb des Hochschulbereichs** entwickelt. Der Titel der 1974 vorgelegten Studie lautet »Grundelemente einer Arbeitsorientierten Einzelwirtschaftslehre« und im Untertitel ist präzisierend von einem »Beitrag zur politischen Ökonomie der Unternehmung« die Rede.

Aus gegenwärtiger Sicht muss dieses Programm als **Episode** in der neueren Geschichte des Fachs betrachtet werden. Es ist – die folgenden Ausführungen werden dies zeigen – aus nachvollziehbaren Gründen weitgehend folgenlos geblieben und wurde auch später von seinen Initiatoren nicht weiterzuentwickeln versucht. Da es sich in historischer Perspektive aber in mancherlei Hinsicht um ein **Kontrastprogramm** zu den damals üblichen Denkstilen handelt, soll es hier vorgestellt und kritisch gewürdigt werden. Wenn seinerzeit innerhalb des Deutschen Gewerkschaftsbundes ein solcher Ansatz entstanden ist, so muss dies schließlich auch als ein Signal gewertet werden, dass man dort eine hinreichende Vertretung gewerkschaftlicher Anliegen durch die ›herkömmliche‹ Betriebswirtschaftslehre vermisst hat.

Die Kritik an der Disziplin insgesamt kommt bereits im Titel zum Ausdruck, was von der Projektgruppe bzw. dem Autorenteam wie folgt erläutert wird:

> »Unter **›arbeitsorientiert‹** wird […] die Handlungsorientierung verstanden, die auf die Durchsetzung von Interessen der abhängig Beschäftigten in den verschiedenen Bereichen der Gesellschaft abzielt […] Dem steht […] der Begriff ›kapitalorientiert‹ gegenüber, der das vorrangig auf das Kapitalverwertungsinteresse ausgerichtete Handeln kennzeichnet.
> Unter **›Einzelwirtschaftslehre‹** wird […] die Lehre von autonomen wirtschaftlichen Entscheidungseinheiten zur Produktion und Verteilung von Gütern und Dienstleistungen verstanden. Damit werden diese Entscheidungseinheiten erstens gegenüber gesamtwirtschaftlichen Institutionen abgegrenzt. Zweitens ergibt sich eine Abgrenzung zur Betriebswirtschaftslehre (BWL), und zwar aus dem Bemühen, den dogmengeschichtlich vorbelasteten Begriff ›BWL‹ mit dem hier zu formulierenden Interessenansatz abzulösen« (Projektgruppe [Grundelemente] 11).

Das Postulat der emanzipatorischen Rationalität

Die im Rahmen der Arbeitsorientierten Einzelwirtschaftslehre entwickelte Vorstellung von **emanzipatorischer** bzw. **arbeitsorientierter Rationalität** kann mit einiger Berechtigung als zentrale Leitidee dieses Programms interpretiert werden. Der im ersten Moment etwas schwer zu fassende Begriff lässt sich besser verstehen, wenn der Blick zunächst auf die ›Gegenposition‹ gerichtet wird. Der ›herkömmlichen‹ Betriebswirtschaftslehre und der ihr folgenden betrieblichen Praxis wird nämlich eine **kapitalorientierte Rationalität** zugeschrieben. Kennzeichnend für diese sei

> »[…] die Quantifizierung der Größen, die in die Bewertung von Mitteln und Zwecken eingehen: Sowohl die eingesetzten Mittel (das Kapital) als auch das erzielte Ergebnis können in monetären Größen gemessen und ausgedrückt werden. Die Rationalität einer bestimmten Entscheidung wird unter bestimmten, z. T. allerdings willkürlichen Annahmen dadurch relativ einfach feststellbar: Sie kommt unmittelbar im Gewinn bzw. Verlust zum Ausdruck. Die Qualität der Mittel und Ziele ist dabei, solange eine rentable Produktion möglich und die Kapitalverwertung gesichert ist, von untergeordneter Bedeutung« (Projektgruppe [Grundelemente] 98).

Mit dieser Charakterisierung wird in kritischer Absicht auf Sachverhalte aufmerksam gemacht, die für weite Bereiche des (nicht nur damaligen) betriebswirtschaftlichen Denk- und Schreibstils durchaus charakteristisch sind, und vor diesem Hintergrund erscheint die Gegenüberstellung – hier kapitalorientierte, da emanzipatorische/arbeitsorientierte Rationalität – nicht unplausibel.

Die programminterne Rationalitätsvorstellung sei, so die weiterführende Argumentation, nur in mehreren Dimensionen fassbar und müsse daher entsprechend komplexe Maßstäbe verwenden. Folgen wir auch hier den Ausführungen im Original:

> »Ein Kalkül auf der Basis der emanzipatorischen Rationalität […] geht von der ›Qualität des Lebens‹ aus, die sowohl mit qualitativen als auch mit quantitativen Faktoren zu präzisieren ist […]. Die emanzipatori-

> sche Rationalität umfasst [...] eine viel größere Zahl von Dimensionen, insbesondere qualitativer Art, die sich in den wenigsten Fällen in Geldgrößen, als finanzielle Gewinne oder Verluste ausdrücken lassen. Eine ›Kalkulation‹ auf der Ebene der emanzipatorischen Rationalität ist deshalb weit komplexer [...]« (Projektgruppe [Grundelemente] 98 f.).

Präzisiert werden diese programmatischen Vorstellungen dahingehend, dass neben monetären Größen und quantifizierbaren Faktoren (z. B. biologischer, ökologischer und energetischer Art) auch sozialwissenschaftliche Tatbestände (Verhaltensweisen, Einstellungen usw.) sowie qualitative Dimensionen zu berücksichtigen seien. Trotz der solchen Äußerungen innewohnenden Vagheit kann man durchaus der Meinung sein, dass hier keine allzu strengen Maßstäbe angelegt werden sollten. Zu Recht wird von der Projektgruppe in diesem Zusammenhang auch darauf hingewiesen, die »Rechenhaftigkeit der kapitalorientierten Kalküle« dürfe »nicht in der Weise mit Objektivität und Wissenschaftlichkeit gleichgesetzt werden, dass die emanzipatorischen Kalküle von Anfang an als ideologisch und willkürlich erscheinen« (Projektgruppe [Grundelemente] 99). Als Zwischenfazit ist insofern festzuhalten, dass der im Postulat einer emanzipatorischen Rationalität zum Ausdruck kommenden Leitvorstellung zumindest in **heuristischer Hinsicht** zweifellos einige Bedeutung beizumessen ist.

Inhaltliche Programmpunkte der Arbeitsorientierten Einzelwirtschaftslehre

Die von der Emanzipationsvorstellung geleitete, bewusst einseitige Konzentration auf **abhängig Beschäftigte** und deren Interessen wird wie folgt begründet:

> »Emanzipation bezieht sich zwangsläufig auf die bisher nur unzureichend mit Einkommen, Vermögen, Verfügungsrechten u. ä. ausgestatteten Personen bzw. Gruppen in der Gesellschaft [...]. Dies macht die enge Beziehung zwischen arbeitsorientierten Interessen, abhängig Beschäftigten und emanzipatorischer Rationalität deutlich« (Projektgruppe [Grundelemente] 30).

Der ins Auge gefasste Interessenkatalog bezieht sich neben einzelwirtschaftlichen auch auf gesamtwirtschaftliche Tatbestände. Erstere, die **einzelwirtschaftlichen Interessen** abhängig Beschäftigter, betreffen dabei drei Problemkreise, nämlich

- Sicherung der Arbeitsplätze,
- Sicherung der Einkommen und
- optimale Gestaltung der Arbeit.

Bezüglich der gezielt an erster Stelle genannten **Sicherung der Arbeitsplätze** wird realistischerweise davon ausgegangen, dass es keine absolute Arbeitsplatzsicherheit geben kann. Dagegen entspreche eine relative Arbeitsplatzsicherheit den Bedingungen in modernen Industriegesellschaften. Sie erfordere die berufliche Anpassung an sich ändernde Situationen, wobei der Aus- und Weiterbildung große Bedeutung zukomme. Hingewiesen wird in diesem Zusammenhang auf das hohe Konfliktpotenzial, wenn Anpassungen großen Stils erforderlich sind. Von der Projektgruppe wird ferner die Frage aufgeworfen, »ob die erforderliche Mobilität dem Faktor Kapital oder den Beschäftigten auferlegt werden soll«. Sie wird – von der speziellen Blickrichtung der Arbeitsorientierten Einzelwirtschaftslehre her verständlich – wie folgt beantwortet: »Die Kosten für die Arbeitsplatzsicherung durch regionale Mobilität sind so hoch, dass diese Form der Mobilität nach Möglichkeit durch Politik der Industrieansiedlung in Verbindung mit beruflicher Anpassung vermieden werden sollte« (Projektgruppe [Grundelemente] 104 f.). Dass sich hinter einer derartigen Position, so verlockend sie auf den ersten Blick erscheinen mag, weitestreichende ordnungspolitische Probleme verbergen, muss nicht besonders betont werden. Sie dürften nicht durchgehend konsensfähig sein...

Auch das an zweiter Stelle genannte Interesse an der **Sicherung des Einkommens** führt bei seiner Umsetzung zu erheblich weiterreichenden Schwierigkeiten, als man im ersten Moment vielleicht annimmt. Sie deuten sich beispielsweise in der Bemerkung (bzw. in dem Einwand) an, »einzelwirtschaftlich ließen sich u. U. die Löhne parallel zu den Gewinnen auf Kosten anderer (Konsumenten, Arbeitnehmer in anderen Unternehmungen) erhöhen« (Wächter [Herausforderung] 312).

Das an dritter Stelle angeführte Interesse an einer **optimalen Gestaltung der Arbeit** »bezieht sich auf die Veränderung der Arbeitsbedingungen mit dem Ziel, Entfaltungsmöglichkeiten in der Arbeitssphäre zu schaffen« (Projektgruppe [Grundelemente] 126). Es steht in engem Zusammenhang mit Bemühungen um eine **Humanisierung der Arbeit**, ein Programmpunkt übrigens, dem durchaus nicht nur im Rahmen einer Arbeitsorientierten Einzelwirtschaftlehre weitreichende Bedeutung zukommt. Es spielt insbesondere auch innerhalb des verhaltenstheoretischen Programms eine zentrale Rolle (→ Abschn. 3.4.2). Die Projektgruppe gesteht Derartiges auch zu, legt jedoch Wert auf eine saubere Unterscheidung zwischen technokratischer und emanzipatorischer Arbeitsgestaltung. Es sei dahingestellt, ob dies ein wirklich überzeugendes Argument ist. Aber die Frage drängt sich auf: Kommt es nicht eher auf Wirkungen als auf die Gesinnung an?

Die Durchsetzung der angeführten Interessen auf einzelwirtschaftlicher Ebene – und hier werden die erwähnten **gesamtwirtschaftlichen Aspekte** ins Spiel gebracht – wird ebenfalls in drei Programmpunkten abgehandelt. Ausgangspunkt ist die Überlegung, dass sie ohne Änderung gesamtwirtschaftlicher Strukturen nicht möglich sei. Im Einzelnen werden genannt:

- Steuerung der Produktion,
- Versorgung mit privat und öffentlich nutzbaren Gütern und
- Erhöhung der Nominallöhne zulasten von Gewinnanteilen.

Die ins Auge gefassten Ansätze zur **Steuerung der Produktion** werden anhand dreier theoretisch unterscheidbarer Produktgruppen – den ›goods‹, den ›bads‹ und den ›antibads‹ – erörtert. Es handelt sich um eine aus der angelsächsischen Literatur übernommene Klassifikation privater oder öffentlicher Güter und Dienstleistungen, die wie folgt zur Anwendung gebracht wird:

> »Als ›goods‹ werden die Güter und Leistungen bezeichnet, die den gesamtwirtschaftlichen Nutzen mehren und der Befriedigung menschlicher Bedürfnisse dienen [...].
> Als ›bads‹ werden erstens die negativen Auswirkungen der Produktion bezeichnet, die keine Bedürfnisse befriedigen, sondern Gefährdungen und Belastungen der Menschen und der Umwelt darstellen [...]. Zu den ›bads‹ müssen zweitens auch geplante, technisch und von den Kosten her nicht zu rechtfertigende Verminderungen der Gebrauchseigenschaf-

> ten der Produkte hinsichtlich Lebensdauer, Qualität u. Ä. gezählt werden.
> Als ›antibads‹ werden die Güter bezeichnet, die dazu dienen sollen, die schädlichen Wirkungen der Produktionen (der ›bads‹) zu beseitigen bzw. zu mindern [...].« (Projektgruppe [Grundelemente] 132 f.).

In der Tat: Bei einer ausschließlich an Rentabilitätsgesichtspunkten orientierten Produktion kann sich – und dafür lassen sich hinreichend viele Beispiele anführen – die Herstellung von ›bads‹ und ›antibads‹ einzelwirtschaftlich durchaus lohnen. Auf diese Weise werden zudem Arbeitplätze und Einkommen geschaffen, dies trotz oder sogar wegen der damit verbundenen **externen** bzw. **sozialen Kosten**.

Der offenkundigen Fragwürdigkeit einer solchen Praxis setzt die Projektgruppe Folgendes entgegen:

> »Bezogen auf die damit befriedigten Bedürfnisse stellt [...] diese Produktion von bads und antibads eine Vergeudung an Arbeit, Zeit und Materialien dar. Sofern die Produktion so organisiert und gesteuert werden kann, dass keine Schäden und Belastungen entstehen, wird auch die Produktion der Gegenmittel überflüssig, ohne dass die Lebensqualität negativ berührt wird« (Projektgruppe [Grundelemente] 133 f.).

Das sind zweifellos gewichtige Argumente, aber reichen sie für sich genommen aus, um damit die Notwendigkeit einer gesamtwirtschaftlichen Lenkung der Produktion zu begründen? Hier stellt sich beispielsweise die Frage, welcher Instanz die Steuerung übertragen werden soll und wie es um deren Informationsstand bestellt sein müsste, um tatsächlich eine allgemeine Bedürfnisbefriedigung sicherzustellen. Zugespitzt gefragt: Liegt hier nicht eine **Anmaßung von Steuerungswissen** vor? Ebenso weitreichend, in logischer Hinsicht sogar noch vorgelagert ist die Frage, welche **Bedürfnisse** denn überhaupt gemeint sein könnten.

Im Hinblick auf den gesamtwirtschaftlichen Aspekt der **Versorgung mit privat und öffentlich nutzbaren Gütern** halten es die Autoren für erforderlich, »in erheblichem Maße Wirtschaftsgüter dem Wirkungsmechanismus des Marktes bzw. der Entscheidung autonomer Unternehmungen zu entziehen und ihre Herstellung der expliziten politischen

Entscheidung zu überlassen«, und im gleichen Atemzug wird auf die Notwenigkeit verwiesen, die »Bedingungen des Verbrauchs der Produkte [...] für die Konsumenten rational zu gestalten« (Projektgruppe [Grundelemente] 146 f.). Wenn in diesem Zusammenhang etwa eine »Beschränkung der bewusst hervorgerufenen Veralterung und Entwertung bestimmter Produkte und der Formen bestimmter auswuchernder Modeerscheinungen« (Projektgruppe [Grundelemente] 148) gefordert wird, so ist man vielleicht sogar geneigt, dem spontan zuzustimmen. Wer aber, rhetorisch gefragt, sollte festlegen, was als »auswuchernde Modeerscheinung« zu gelten hat?

Die **Erhöhung der Nominallöhne auf Kosten von Gewinnanteilen** betrifft die verteilungspolitische Ebene. Nach Diskussion einiger Ansätze, die nur vordergründige Verbesserungen der gegenwärtigen Situation abhängig Beschäftigter bringen würden, wird die folgende Strategie vorgeschlagen:

> »Die Verwirklichung der einzig erfolgversprechenden Alternative hängt davon ab, ob es den abhängig Beschäftigten bzw. den Gewerkschaften gelingt, eine Erhöhung der Nominallöhne auf Kosten der Gewinnanteile am Volkseinkommen zu erreichen und zugleich auf die unternehmerischen Verhaltensweisen so einzuwirken, dass die Investitionsneigung bei sinkender Selbstfinanzierungsrate erhalten bleibt. Dies setzt wiederum eine Einschränkung der Preissetzungsautonomie der Unternehmungen voraus« (Projektgruppe [Grundelemente] 152).

Auch der letzte Programmpunkt würde, ohne dass dem an dieser Stelle näher nachgegangen werden muss, auf gravierende Eingriffe in die bundesrepublikanische Wirtschafts- und Gesellschaftsordnung hinauslaufen. Innerhalb der Betriebswirtschaftslehre ist das gesamte Konzept seinerzeit auf nahezu einhellige Ablehnung gestoßen – so man sich damit überhaupt auseinandergesetzt hat. Das erscheint insofern nicht gerechtfertigt, als von der Projektgruppe durchaus auch konstruktive Kritik geleistet wurde, die es wert gewesen wäre, sich damit ernsthaft auseinanderzusetzen. Einzelne Programmpunkte der Arbeitsorientierten Betriebswirtschaftslehre machen ferner die Fragwürdigkeit einer Abgrenzung der Disziplin zu benachbarten Wissenschaften deutlich. Trotz gelegentlicher Einseitigkeiten gelingt insbesondere die (prinzipielle) Einbeziehung sozialwissenschaftlicher Erkenntnisse wesentlich überzeugender als etwa im systemorientierten Ansatz.

Eindeutig bedenklich muss dagegen die einseitige Festlegung auf die Interessen abhängig Beschäftigter erscheinen. Sie gipfelt in der Absicht, gewerkschaftliche (Kampf-)Strategien zu entwickeln. Dabei ist durchaus anzuerkennen, dass Gewerkschaften, ebenso wie andere Institutionen und Gruppen, ein legitimes Interesse an wissenschaftlicher Beratung haben. Dazu bedarf es allerdings nicht jener extremen Parteilichkeit, wie sie für die Arbeitsorientierte Einzelwirtschaftslehre kennzeichnend ist.

Schließlich ist aus wissenschaftsinternen Gründen anzumerken, dass die Zersplitterung des Fachs in eine Reihe interessengeleiteter Richtungen sich sowohl für theoretische Weiterentwicklungen als auch im Hinblick auf die Verfolgung des praktischen Ziels der Disziplin extrem nachteilig auswirken müsste. Erfolgversprechender erscheint hier, wie dies gelegentlich zum Ausdruck gebracht wurde, »eine Integration der Arbeitnehmerinteressen in die Betriebswirtschaftslehre statt ihre Berücksichtigung in einer Gegenlehre« (Chmielewicz [Kapitalismuskritik] 13).

Eine Ergänzung: Alternativwirtschaft als Gegenstand der Betriebswirtschaftslehre

Gegenstand der Arbeitsorientierten Einzelwirtschaftslehre ist nach wie vor das ›herkömmliche‹, vom Zusammenwirken der Faktoren ›Arbeit‹ und ›Kapital‹ geprägte Unternehmen, wobei dort die Interessen abhängig Beschäftigter (einseitig) thematisiert werden. Etwa seit Beginn der 1980er Jahre hatte sich nun innerhalb der bundesrepublikanischen Wirtschaft ein zusätzlicher, wenn auch nicht grundsätzlich neuer Unternehmenstyp bzw. ein weiterer Wirtschaftssektor entwickelt – die **Alternativwirtschaft.** Trotz des Tatbestands, dass diesem Sektor in rein quantitativer Hinsicht sehr überschaubar ist, verdient er in mancherlei Hinsicht Beachtung.

In ihrem Gedankengut bzw. in ihren ideologischen Grundlagen weist die Alternativwirtschaft Beziehungen zur (wesentlich älteren) **Genossenschaftsbewegung** auf (vgl. hierzu Hettlage [Genossenschaftstheorie]). Die einzelne Wirtschaftseinheit wird dabei als **Selbstverwaltungsbetrieb** bezeichnet. (Zu einer Analyse betriebswirtschaftlicher Probleme von

Selbstverwaltungsbetrieben ›älteren Typs‹ vgl. Nücke [Arbeiterselbstverwaltungsunternehmen].)

Im Hinblick auf den Selbstverwaltungsbetrieb ›neuen Typs‹, den **Alternativbetrieb**, hatte die Disziplin seinerzeit wenig zu bieten. Dieser liegt gewissermaßen außerhalb oder allenfalls am Rande dessen, was vom Scheinwerfer der Betriebswirtschaftslehre erfasst wird. Das liegt sicher teilweise an der erwähnten geringen quantitativen Bedeutung dieses Sektors: Fundierte Schätzungen gingen seinerzeit von etwa 4500 selbstverwalteten Betrieben mit ungefähr 28000 Arbeitsplätzen innerhalb des gesamten (damaligen) Bundesgebietes aus (Berger u. a. [Betriebe] 189).

Die Entstehungsbedingungen der Alternativwirtschaft lassen sich in der gebotenen Kürze etwa wie folgt beschreiben: Hauptauslöser war ein tiefgreifender **struktureller Wandel des Beschäftigungssystems** in der Bundesrepublik Deutschland, darin bestehend, dass seit Mitte der 1970er Jahre nicht mehr durchgehend von der Chance gesprochen werden konnte, »dass jeder Arbeitssuchende einer seinen Qualifikationen entsprechenden existenzsichernden Vollarbeitsplatz« (Berger u. a. [Betriebe] 3) zu finden in der Lage war.

Aber es kam ein weiterer Faktor hinzu: Das Aufkommen einer Alternativwirtschaft ist auch mit gesamtgesellschaftlichen **Phänomenen des Wertewandels** in Zusammenhang zu bringen. Die Konsequenzen dieses seinerzeit einprägsam als ›stille Revolution‹ bezeichneten Prozesses (Inglehart [Revolution]) betreffen die Lebensstile der Menschen im Allgemeinen; deren Arbeitsorientierung und ihr Konsumverhalten im Besonderen. Obwohl davon die gesamte Wirtschaft tangiert wird, bietet der Selbstverwaltungssektor hier deutlich weitergehende Möglichkeiten zur Realisierung von veränderten Arbeits- und Konsumstilen – Möglichkeiten einer alternativen Lebensgestaltung eben. Dies erklärt einen Teil seiner Attraktivität, wobei allerdings hinzuzufügen ist, dass dafür von den dort Beschäftigten vielfach auch ein hoher Preis gezahlt werden muss, etwa in Form eines partiellen Einkommensverzichts, einer ungeregelten und teilweise auch längeren Arbeitszeit und Verschiedenem mehr.

Weshalb es tatsächlich naheliegt, von einer alternativen Wirtschaft zu sprechen, zeigt der Blick auf die folgende Auswahl der für den **Idealtyp des Selbstverwaltungsbetriebs** charakteristischen Gestaltungsprinzipien (vgl. hierzu verschiedene Beiträge in Berger u. a. [Betriebe]):

Identitätsprinzip: Es besteht Personenidentität zwischen Mitarbeitern und Eigentümern. Die Arbeitgeberrolle ist im Mitarbeiterkollektiv aufgehoben.

Demokratieprinzip: Alle Mitarbeiter haben, unabhängig von der Höhe ihres persönlichen Kapitaleinsatzes, gleiche Entscheidungsrechte.

Bedarfsprinzip: Der Betrieb dient zur Erwirtschaftung des Lebensunterhalts seiner Mitglieder. Angesammelte Gewinne sind nicht zur Privatisierung bestimmt.

Rotationsprinzip: Die Arbeitsplätze werden systematisch gewechselt. Spezialistentum soll nach Möglichkeit nicht entstehen.

Einheitslohnprinzip: Für gleiche Arbeitszeit soll gleicher Lohn gezahlt werden.

Die Erfahrung lehrt, dass die Realisierung derartiger Prinzipien teilweise zu beträchtlichen Problemen führt; teilweise lassen sie sich nur mit Abstrichen praktizieren (vgl. hierzu Kück [Kooperative]). Auch führt kein Weg an der Erkenntnis vorbei, dass unter den genannten Bedingungen eine deutlich suboptimale Ressourcenallokation stattzufinden pflegt.

Dies bedeutet allerdings nicht, dass die Betriebswirtschaftslehre damit einer Beschäftigung mit der Alternativwirtschaft völlig enthoben ist. Zumindest zwei Argumente sprechen dagegen, nämlich

[1] dass es aus verschiedenen, vielfach nur teilweise selbst verschuldeten Gründen stets Menschen geben wird, die im Bereich der herkömmlichen Wirtschaft keinen geeigneten Arbeitsplatz finden **können**. Für sie gilt, was seinerzeit in Insiderkreisen mit der Rede von ›keiner Alternative zur Alternative‹ umschrieben wurde, und

[2] dass es eine hinreichend große Zahl von Menschen gibt, die – ebenfalls aus verschiedenen Gründen – im Bereich der herkömmlichen Wirtschaft keinen Arbeitsplatz finden **wollen**.

Für die Betriebswirtschaftslehre lässt sich daraus die Aufforderung ableiten, den verschiedenen Formen alternativen Wirtschaftens Beachtung zu schenken. Um ein ausgesprochen zentrales Anliegen des Fachs wird es sich dabei natürlich nicht handeln können. Aber einen Nischenplatz verdienen sie allemal. Nicht grundlos oder zufällig spielen **Utopien** in Literatur und Philosophie seit jeher eine bedeutende und durchaus auch konstruktive Rolle. Warum also sollten sie – und Alternativwirtschaft besitzt zweifellos einen utopischen Kern – nicht auch das Denken in jener Wissenschaft beflügeln können, die sich wesentlichen Aspekten des Strebens der Menschen nach Befriedigung ihrer Bedürfnisse widmet?

3.3.2 Umweltbezogenheit allen Wirtschaftens: Konturen einer ökologisch verpflichteten Betriebswirtschaftslehre

Unter dem Eindruck der fortschreitenden Zerstörung des natürlichen Lebensraums als Begleiterscheinung und Folge von Produktion und Konsum hat sich vor geraumer Zeit das **ökologische Gewissen der Disziplin** zu regen begonnen (Picot [Umweltbeziehungen]; Strebel [Umwelt]). Parallel dazu wurde ›Umweltmanagement‹ von der Praxis zunehmend als Notwendigkeit erkannt. Dass in diesem Zusammenhang ›systemisches Denken‹ angesagt ist, zeigt die folgende nach wie vor eindrucksvoll aktuelle Passage. Sie entstammt einem von *Horst Bieber* verfassten Leitartikel (DIE ZEIT vom 6. 1. 1989, S. 1) und macht auf das Ausmaß der ökologischen Problematik und ihre ökonomischen Hintergründe nachdrücklich aufmerksam:

> »Zum ersten Mal spüren wir die weltweite Verkettung von Ursachen und Wirkungen. Wenn für amerikanische Schnellimbisse brasilianische oder mittelamerikanische Tropenwälder vernichtet werden, damit dort Futter-Soja für Hamburger-Vieh angebaut werden kann, ändert sich das Klima, es kommt zu Jahrhundertdürren im amerikanischen Weizengürtel. Wenn in Nepal die Bergwälder verfeuert werden, leidet Bangladesch unter immer schlimmeren Überschwemmungen, weil das Regenwasser nun direkt abfließt. Wenn im äquatorialen Afrika der Wald abgeholzt wird, damit tropische Edelhölzer exportiert werden können, wächst die Wüste.«

Zwar kann man sich gelegentlich des Eindrucks nicht erwehren, dass die **ökologische Öffnung** des Fachs teilweise etwas zu glatt erfolgt und die vielbeschworene ›Versöhnung von Ökonomie und Ökologie‹ mitunter allzu leicht über die Lippen gekommen ist. Glücklicherweise fehlt es jedoch nicht an seriösen Bemühungen, die Umweltbezogenheit des Wirtschaftens zum betriebswirtschaftlichen Erkenntnisobjekt zu machen. Dieser Gegenstand ist sogar so zentral, dass er im Grunde genommen in **jedwedem** betriebswirtschaftlichen Wissenschaftsprogramm einen Platz finden müsste – und dies in den vorderen Reihen.

Beschrieben worden ist die allmähliche ›Entdeckung‹ der ökologischen Problematik gelegentlich – wohl bewusst etwas plakativ – mittels eines **Phasenschemas** der folgenden Art (Günther [Umsetzung] 131 f.):

- Von der Unkenntnis zum Umweltinteresse (Anfang der 1970er Jahre)
- Vom Umweltbewusstsein zur Umweltaktion (Anfang der 1980er Jahre)
- Professionalisierung des Umweltschutzes (Ende der 1980er Jahre)
- Umwelthysterie oder ökologische Organisationsentwicklung? (1990er Jahre)

Innerhalb der Disziplin kommt vermutlich am ehesten dem von *Eberhard Seidel* und *Heiner Menn* konzipierten **Ansatz einer ökologisch orientierten** bzw., wie hier gesagt werden soll, einer **ökologisch verpflichteten Betriebswirtschaftslehre** programmatische Bedeutung zu. Er wird daher, angereichert durch verschiedene Ergänzungen, in den Mittelpunkt der folgenden Darstellung gestellt. Anlass und Dringlichkeit einer auch für ökologische Belange offenen Betriebswirtschaftslehre werden wie folgt beschrieben (Seidel/Menn [Betriebswirtschaft] 9):

> »Nachdem sich in den letzten Jahrzehnten die Betriebswirtschaftslehre sozialen Aspekten weit geöffnet hat, ist nunmehr ihre ökologische Öffnung das Gebot der Stunde. Es kann nicht länger angehen, dass Folgen des betrieblichen Wirtschaftens für die natürliche Umwelt von der Betriebswirtschaftslehre nur peripher oder gar nicht behandelt werden. Es gilt eine ökologisch orientierte und verpflichtete Fachdiskussion anzuregen und zu fördern.«

Die dem Umweltgedanken verpflichtete Betriebswirtschaftslehre begreift sich aus offensichtlichen Gründen nicht als globale Alternative, sondern als **Ergänzung** zu anderen Ansätzen. Wie hier einleitend ausgeführt wurde, müsste im Grunde genommen jedes ernst zu nehmende betriebswirtschaftliche Wissenschaftsprogramm neueren Datums für die ökologische Problematik offen sein. Die folgende Darstellung beschränkt sich zwangsläufig auf wenige Aspekte, nämlich (und etwas abweichend von der bisherigen Vorgehensweise):

- auf Gründe für die lange Vernachlässigung der ökologischen Problematik durch die Ökonomik,
- auf einige methodologische und theoretische Aspekte und
- auf ausgewählte praktische Konsequenzen.

Wie es zur ökologischen Ignoranz der Wirtschaftswissenschaften kam

Warum standen sich, so soll eingangs gefragt werden, Ökonomie und Ökologie zwischenzeitlich weitestgehend beziehungslos gegenüber, obwohl doch sowohl von den Physiokraten (Francois Quesnay u. a.) als auch von den volkswirtschaftlichen Klassikern (Adam Smith, David Ricardo u. a.) durchaus von einem **Naturbezug allen Wirtschaftens** ausgegangen wurde?

Seidel/Menn ([Betriebswirtschaft] 16 ff.) sind der Ansicht, dass es zur Lockerung bzw. zum Bruch dieses Bezuges erst im Zuge der **Industrialisierung** und – dies gilt es besonders festzuhalten – der Art ihrer wissenschaftlichen Behandlung durch die **Neoklassik** kam. Die ökologische Problematik fiel jedoch nicht nur der für die Neoklassiker charakteristischen Art des Abstrahierens zum Opfer. Ursächlich dafür war zweitens die (in der Regel als selbstverständlich erachtete) Betrachtung der natürlichen Umwelt als **freies Gut**, als ein Gut also, das in unbegrenzter Menge und kostenlos zur Verfügung steht.

Dass die für die neoklassische Ökonomik charakteristische **Naturferne** auch für das betriebswirtschaftliche Denken bestimmend wurde, kann angesichts der Übernahme des neoklassischen Denkstils durch *Gutenberg* nicht sonderlich überraschen (→ Abschn. 3.2.1). Auch der Rückblick auf das System der Produktionsfaktoren, in dem Naturgüter entweder zum

Kapital (Boden) oder zu den Betriebsmitteln bzw. Werkstoffen gezählt werden, ist aufschlussreich: »War für die ursprüngliche Sammler- und Jägerkultur des Menschen die ›Natur‹ der alleinige Produktionsfaktor überhaupt, so hat sie nun nicht einmal mehr eigene Unterpunkte in den gängigen Systemen der produktiven Faktoren. Besser lässt sich die herrschende Naturferne des Wirtschaftens und seiner Theorie wohl kaum illustrieren« (Seidel/Menn [Betriebswirtschaft] 16).

Ökologische Probleme als nicht intendierte Handlungskonsequenzen und Umgang mit ›weichen Daten‹

Geht man einmal davon aus, dass der natürliche Lebensraum ohne bewusste Absicht beeinträchtigt oder gar zerstört wird, dann ergibt sich die ökologische Problematik daraus, dass verschiedene Verhaltens- und Handlungsweisen der Wirtschaftssubjekte unbeabsichtigte bzw. **nicht intendierte** (negative) **Nebenwirkungen** auf die Umwelt haben. Da nicht intendierte Nebeneffekte im sozialen Bereich in zahlreichen Ausprägungen anzutreffen sind, stellt sich die ökologische Problematik mithin als Spezialfall dar, ein Spezialfall allerdings, der besonders dramatische Züge aufweist.

Als **Entstehungsbedingungen** von unbeabsichtigten Nebenwirkungen werden angeführt (Seidel/Menn [Betriebswirtschaft] 52 ff.):

- **kognitive Gegebenheiten** im Sinn von Fehleinschätzungen aufgrund unzureichenden Wissens und unvollkommener Information, Verwendung falscher Informationen, Folgenvernachlässigung und Nichtberücksichtigung von Konsequenzen aufgrund anderer Prioritäten; ferner
- spezifische **Situationsbedingungen**, deren Wirkungen an einem anschaulichen Beispiel dargelegt werden: »Wenn, wie heute noch durchaus üblich, ›Umweltpolitik‹ nach dem Gemeinlastprinzip betrieben wird und, so sei unterstellt, weder Auflagen- noch Abgabenregelungen existieren, dann ist der externe Effekt – die Schädigung der Umwelt – in den Handlungsbedingungen (strukturell) angelegt. Die Schädigung ist praktisch zwangsläufig, weil individuell ›rational‹, wenn man einmal davon absieht, dass der ›Schädiger‹ langfristig auch ›Geschädigter‹ sein kann oder sein wird. Dem Verursacher werden

die negativen kollektiven Wirkungen seines Handelns nicht zugerechnet, er braucht sie daher nicht zum Kriterium seiner Mittelwahl zu machen« (Seidel/Menn [Betriebswirtschaft] 54). Sowie schließlich

- **Verflechtungsprozesse** in Form von reziproken, kaum noch überschaubaren Wirkungsbeziehungen in komplexen Systemzusammenhängen.

Die ökologische Problematik ergibt sich in dieser Perspektive wie folgt (Seidel/Menn [Betriebswirtschaft] 57):

> »Nicht getragen von der Intention der Handelnden, sondern von einer Automatik der Kettenwirkungen ihrer Eingriffe in ein hochkomplex verflochtenes Ordnungsgefüge, schreibt sich eine Zerstörungsgeschichte, die so niemand geplant, gewollt oder vorausgesehen hat.«

Wie kann diesem besorgniserregenden Prozess auf betrieblicher Ebene entgegengewirkt werden? Verwiesen wird auf

- den Stellenwert des Lernens über ökologisch-ökonomische Zusammenhänge, was als **Problem der Organisations- und Personalentwicklung** zu betrachten ist,
- die Notwendigkeit, **problemgerechte Organisations- und Führungsstrukturen** zu schaffen,
- eine möglichst **vollständige**, d. h. ökologische Belastungen berücksichtigende **Rechnungslegung** und
- den Entwurf von **Planungssystemen** zur Steuerung und Kontrolle von sich evolutionär entwickelnden Interaktionszusammenhängen.

Werden derartige Lösungsansätze in technokratischer Perspektive gesehen, dann besteht die Hauptschwierigkeit darin, dass stets auf mehr oder weniger ›**weiche Daten**‹ zurückgegriffen werden muss. Und in der Tat gibt es zahlreiche Gründe, weshalb Umweltinformationen Quantifizierungsprobleme aufwerfen. Sie reichen von allgemeinen messtechnischen Problemen über die Abschätzung der tatsächlichen Umweltbelastung bis hin zur unzureichend exakten Verrechnung von Umweltschutzinvestitionen im Rahmen einer ökologischen Buchhaltung.

Der Umgang mit weichen Daten wird von *Seidel/Menn* als ein **Lernproblem** in zweifacher Hinsicht beschrieben. Einerseits gilt es zu lernen, dass und wie mit weichen Daten geplant werden kann. Andererseits lassen sich durch dieses Lernen weiche Daten nach und nach ›härten‹: »Viele weiche Daten müssen nicht zwangsläufig für immer weich bleiben. Bei zunehmendem Kenntnisstand des sozio-ökonomisch-ökologischen Wirkungsgefüges lässt sich ein Teil von ihnen in harte Daten überführen, insbesondere einigermaßen hinreichend operationalisieren« (Seidel/Menn [Betriebswirtschaft] 61).

Ökologisches Controlling und neue Forschungsfelder der Betriebswirtschaftslehre

Wie können ökologische Belange institutionell und personell im Unternehmen verankert werden? Oder anders gefragt: In welches betriebliche Ressort gehört die ökologische Problematik? *Seidel/Menn* führen verschiedene formale und inhaltliche Gründe an, die es zweckmäßig erscheinen lassen, eine Institutionalisierung innerhalb des **Controlling** und die personelle Trägerschaft bei einem **betrieblichen Umweltschutzbeauftragten** vorzusehen.

In formaler Hinsicht ist ein **Informationsproblem** zu lösen: »Controlling als betont **professionelles Unterstützungssystem** der Unternehmensführung in Sachen Information ist hier gleichsam von genuiner Zuständigkeit. Es geht um die Beschaffung hinreichend gesicherter Informationen von Entscheidungsrelevanz für alle von Umweltfragen tangierten Unternehmensbereiche« (Seidel/Menn [Betriebswirtschaft] 116). Die Kernaufgaben dieser Controllingfunktion wird in der Entwicklung der schon erwähnten **ökologischen Buchhaltung** gesehen. Dieser wird der Zweck zugewiesen, die durch Wirtschaften bewirkte Umweltbelastung zu erfassen und zu bewerten.

Inhaltlich handelt es sich um ein **Problem des Sicherheitsmanagements**: »Mit der natürlichen Umwelt bedroht das ökologisch unbedachte und darum schädliche Wirtschaften langfristig auch die Existenz der schadenstiftenden Unternehmung selbst. Noch bevor freilich die Naturzerstörung gleichsam per se zu wirken beginnt, werden Staat und Gesellschaft prophylaktisch […] handeln und handeln müssen […]. Eine Produzentenhaftung für Umweltschäden ist wohl […] nur noch eine Frage der Zeit« (Seidel/Menn [Betriebswirtschaft] 120).

Implementierungsschwierigkeiten des ökologischen Controlling werden darin gesehen, dass das konventionelle Controllingkonzept vom Selbstinteresse des Unternehmens getragen wird, während für das Öko-Controlling keine eindeutige Interessenfixierung anzunehmen ist. Wie den kurzen Bemerkungen zum Problem des Sicherheitsmanagements entnommen werden konnte, liegt die Berücksichtigung ökologischer Belange zwar durchaus auch im Interesse jedes einzelnen Unternehmens. Hier sind jedoch schon deshalb Abstriche vorzunehmen, weil den Möglichkeiten dazu ökonomische Grenzen gesetzt sind. So ist denn auch bei grundsätzlicher Bereitschaft zum ökologischen Controlling »die Verwässerung […] im betrieblichen Alltag eine ständige reale Gefahr« (Seidel/Menn [Betriebswirtschaft] 123).

Am Ende ihrer Ausführungen stellen die Autoren Überlegungen an, welche neuen Perspektiven sich für die Betriebswirtschaftslehre im Zuge ihrer **ökologischen Öffnung** ergeben. Ohne Anspruch auf Vollständigkeit werden verschiedene Arbeits- bzw. Forschungsfelder genannt, die, wie man leicht erkennen kann, in viele traditionelle Bereiche der Betriebswirtschaftslehre hineinwirken (Seidel/Menn [Betriebswirtschaft] 125 ff.):

- Arbeitsfeld **Rechnungswesen**: Entwicklung eines ökologisch orientierten Rechnungswesens
- Arbeitsfeld **Steuern und Finanzen**: Mitarbeit bei der Entwicklung und Gestaltung ökologisch effizienter Besteuerung und Finanzierung
- Arbeitsfeld **Logistik**: Mitarbeit und ökologische Beratung bei Standort-, Beschaffungs- und Lagerhaltungsentscheidungen sowie in inner- und überbetrieblichen verkehrswirtschaftlichen Belangen
- Arbeitsfeld **Information**: Mitarbeit bei der Entwicklung und Organisation von Informationssystemen und deren Unterstützung durch EDV-Anwendungen
- Arbeitsfeld **Fertigung**: Beratung und Mitarbeit bei der Entwicklung und Erhaltung umweltschonender Produktionsverfahren

- Arbeitsfeld **Marketing**: Entwicklung ökologisch orientierter Marketingstrategien sowie Beratung der Wirtschaft und wirtschaftsnaher Institutionen im Sinne eines nicht kommerziellen Marketing

Im Folgenden soll, über den gerade skizzierten Ansatz hinausgehend, auf einige weitere Probleme aufmerksam gemacht werden, die sich einer ökologisch verpflichteten Betriebswirtschaftslehre stellen.

Die Unternehmung als ›Schadschöpfungsveranstaltung‹ und der ökologische Produktlebenszyklus

Wirtschaften, so wird es seit jeher gesehen, ist ein **Wertschöpfungsprozess.** Wenn mittlerweile nicht mehr übersehen werden kann, dass damit auch eine Belastung oder gar Zerstörung der Umwelt einhergeht, wird offenkundig, dass eine einseitige Betrachtungsweise vorliegt. Die Unternehmung ist nämlich auch eine **Schadschöpfungsveranstaltung**; ein produktives und destruktives System zugleich (Dyllick [Unternehmensführung] 398). Ökologische Schadschöpfung ist gewissermaßen der Preis, der für die Wertschöpfung (mitunter, aber keineswegs selten) zu entrichten ist.

Die betriebswirtschaftliche Bedeutung dieser Einsicht liegt u. a. darin, dass es die gängige Vorstellung vom Produktlebenszyklus zu revidieren gilt. Ökologische Schäden treten als **direkte Schadschöpfung** zunächst im produzierenden Unternehmen selbst auf und fallen insofern ausschließlich in dessen Verantwortungsbereich. Lediglich von einer Mitverantwortung ist für die **indirekte Schadschöpfung** in den vor- und nachgelagerten Produktionsstufen auszugehen. Dieser Prozess reicht von der Rohstoff- und Energiegewinnung über den Transport und den Konsum bis hin zur Entsorgung. Die Schadschöpfungskette ist also »um ein Vielfaches länger und umfassender als die uns vertrautere Wertschöpfungskette, die nur auf die innerhalb der Unternehmung ablaufenden Phasen des Wertschöpfungsprozesses beschränkt ist« (Dyllick [Unternehmensführung] 398).

Der **ökologische Produktlebenszyklus** beginnt folglich wesentlich früher und endet erst mit der Entsorgung bzw. dem Recycling. Damit wird deutlich, dass es einer **Perspektive über das Unternehmen hinaus** bedarf, um das Ausmaß der Schadschöpfung richtig einzuschätzen und um geeignete Strategien zu dessen Minderung zu entwickeln (sparsamer Ressourceneinsatz, Reduzierung belastender Emissionen, Abfallvermeidung usw.).

Unternehmenspolitische, organisatorische und personalwirtschaftliche Aspekte umweltbewussten Wirtschaftens

Umweltbewusstes Wirtschaften wird vielfach als ein vorrangig technisches Problem gesehen: Es bedarf bestimmter Technologien, um Emissionswerte zu senken, Abfallstoffe zu verwerten, Störfälle bei der Herstellung oder der Nutzung von Produkten möglichst weitgehend zu verhindern usw. Dies ist jedoch eine etwas vordergründige Betrachtung, denn es handelt sich auch und primär um eine »bewusstseinsverändernde Aufgabe« (Pfriem [Unternehmenspolitik] 112). Um sie zu bewältigen, bedarf es entsprechender **unternehmenspolitischer Weichenstellungen**, geeigneter **organisatorischer Vorkehrungen** und vor allem gezielter **personalwirtschaftlicher Maßnahmen** (vgl. hierzu ausführlich Berster [Verhalten]).

Wenn Umweltschutz in der Praxis zunehmend zur ›Chefsache‹ erklärt wird, so spiegelt sich darin die Einschätzung wider, dass ihm ein hoher **unternehmenspolitischer Stellenwert** beigemessen werden muss. B.A.U.M., eine überparteiliche Umweltinitiative der Wirtschaft, hat einen **Kodex für umweltbewusstes Management** entwickelt, dessen erster Punkt ebendiese unternehmenspolitische Dimension anspricht: »Wir ordnen den Umweltschutz den vorrangigen Unternehmenszielen zu und nehmen ihn in die Grundsätze zur Führung des Unternehmens auf. Ihn zu verwirklichen, ist ein kontinuierlicher Prozess.«

Die organisatorische Verankerung innerhalb der obersten Führungsebene ist unumgänglich, weil es offensichtlich eines **Machtpromotors** bedarf, um die unternehmensweite Akzeptanz des Umweltschutzgedankens sicherzustellen. Faktisch kann man sich dies so vorstellen, dass innerhalb eines mehrköpfigen Führungsteams einem Mitglied der Umweltschutz als (ggf. zusätzlicher) Verantwortungsbereich übertragen wird. Die Wahrnehmung dieser Verantwortung lässt sich in Analogie zu einem anderen Führungsbereich dann wie folgt begreifen:

> »Ähnlich wie der Personaldirektor das Recht und die Pflicht hat, für die Berücksichtigung der sozialen Angelegenheiten in allen betrieblichen Ressorts Sorge zu tragen – ohne deshalb schon direkt in die anderen Ressorts ›hineinregieren‹ zu können – sollte der Umweltdirektor ressortübergreifender Garant für die Durchsetzung der ökologischen Belange des Unternehmens sein« (Winter [System] 125 f.).

Aufgabe der obersten Führungsebene wird es ferner sein, für die Berücksichtigung ökologischer Belange und Zielsetzungen im **Unternehmensleitbild** und in den **Führungsgrundsätzen** zu sorgen. Dies kann zur Herausbildung eines unternehmensweiten Umweltbewusstseins beitragen und in etwas längerfristiger Perspektive auch die **Unternehmenskultur** prägen.

Schließlich fällt in den Zuständigkeitsbereich der obersten Führungsebene die **Entwicklung ökologisch gerechtfertigter Strategien** für das Unternehmen insgesamt und für dessen verschiedene Geschäftsfelder. Dies geschieht durch ökologiegerechte Vorgaben bei Produktinnovation, Produktvariation und Produktelimination.

In Teilen muss Umweltschutz zwangsläufig eine Angelegenheit für Spezialisten sein, die in diesem Fall als **Fachpromotoren** agieren. Zu denken ist dabei an erster Stelle (aber nicht nur) an **Umweltschutzbeauftragte**, auf die schon im Zusammenhang mit dem Hinweis auf ökologisches Controlling aufmerksam gemacht wurde. In organisatorischer Hinsicht haben sie eine typische **Querschnittsfunktion** (Schanz [Organisationsgestaltung] 185), die in idealtypischer Ausprägung folgende Teilaufgaben umfasst (Frese [Organisation] 2436):

- Ihre **Informationsaufgabe** besteht in der Aufklärung der Mitarbeiter über schädliche Umweltwirkungen der im Unternehmen zur Anwendung kommenden Produktionsverfahren sowie in Hinweisen auf die sich aus dem Umweltrecht ergebenden Pflichten.
- Ihre **Repräsentationsaufgabe** betrifft die Vertretung gegenüber unternehmensexternen Personen und Institutionen, etwa im Zusammenhang mit Genehmigungsverfahren oder der Meldung von Störfällen.

- Ihre **Innovationsaufgabe** bezieht sich auf Anregungen zur Entwicklung und Einführung umweltfreundlicher Produkte und Verfahren.
- Ihre **Überwachungsaufgabe** schließlich umfasst die kontrollierenden Aktivitäten bezüglich der Beachtung gesetzlicher Vorschriften und unternehmensinterner Normen; ggf. auch die Erfassung und Analyse der durch den Umweltschutz anfallenden Kosten.

Die organisatorische Eingliederung derartiger Positionen hängt weitgehend von der Unternehmensgröße und -struktur ab. Bei divisionaler Gliederung können sie den einzelnen Sparten bzw. Geschäftsbereichen zugeordnet und zusätzlich auch im Rahmen eines Zentralbereichs verankert werden. Die Koordination zwischen ihnen ist im Rahmen eines Ausschusses für Umweltfragen vorstellbar (Schanz [Organisationsgestaltung] 185).

Neben den erwähnten Macht- und Fachpromotoren bedarf es, um ökologiebewusstes Verhalten in Gang zu setzen und in Gang zu halten, drittens auch der **Prozesspromotion**, weil der Gedanke des Umweltschutzes auf sämtlichen hierarchischen Ebenen verankert werden muss. Spätestens an dieser Stelle kommt demnach die ›Philosophie‹ und das Instrumentarium der **Organisationsentwicklung** ins Spiel (Günther [Umsetzung] 136 f.). In personenbezogener Hinsicht geht es, angelehnt an das griffige Phasenschema von *Kurt Lewin* [Group Dynamics], um

- **Auftauen** (auch: Analyse- und Diagnosephase) im Sinn der Identifizierung ökologischer Problemfelder und des daraus erwachsenden Handlungsbedarfs,
- **Ändern** (auch: Konzeptionsphase) durch Erarbeiten von Zielen und Aktionsplänen sowie erster Problemlösungen, die ggf. zu weitergehenden Erkenntnissen führen, sowie
- **Stabilisieren** (auch: Durchführungs- und Kontrollphase) der abgeleiteten ökologischen Maßnahmen durch professionelles Management.

Im personalwirtschaftlichen Bereich angesiedelt sind unter anderem verschiedene Maßnahmen einer **umweltschutzorientierten Weiterbildung** (›ökologisches Lernen‹). Sie nehmen einen herausragenden Stellenwert für die Herausbildung und Erweiterung von Umweltbewusstsein

ein. In diesem Zusammenhang können auch spezifische Anreize positiver oder negativer Art – **Anreize zu ökologisch verpflichtetem Wirtschaften** (Seidel [Anreize]) – Bedeutung erlangen, etwa dann, wenn entsprechendes Handeln bzw. Unterlassen anerkennungs-, aufstiegs- oder entgeltrelevant ist sowie ggf. disziplinarisch geahndet wird. Ökologisch orientierte Personalpolitik kann sogar schon bei der **Personalrekrutierung** einsetzen, wo, wie ein Autor meint, »Unternehmen gut daran täten, ökologisch überdurchschnittlich sensibilisierte und kritische Mitarbeiter und Mitarbeiterinnen in wichtigen Funktionen einzustellen [...]« (Pfriem [Unternehmenspolitik] 102).

Den hier genannten Ansatzpunkten für umweltbewusstes Wirtschaften ließen sich zahlreiche weitere hinzufügen. Aber bereits die getroffene Auswahl sollte hinreichend deutlich erkennen lassen, dass der ökologischen Öffnung des Fachs ausgesprochen mächtige Impulse für die betriebswirtschaftliche Forschung und Lehre zu verdanken und weiterhin zu erwarten sind.

3.4 Neuer Institutionalismus und verhaltenstheoretische Betriebswirtschaftslehre

In seinen nachgelassenen Schriften und Reden hat *Erich Gutenberg*, neben *Eugen Schmalenbach* bislang **der** herausragende Impulsgeber der Disziplin, dieser bezüglich ihrer Zukunft u. a. eine in drei kurzen Sätzen zum Ausdruck gebrachte Botschaft auf den Weg gegeben. Sie soll als Hinleitung zu zwei im Anschluss darzustellenden Ansätzen neueren Datums dienen:

»Die Betriebswirtschaftslehre ist eine noch sehr junge Disziplin. Sie hat noch viele Chancen. Ich bin sicher, dass sie sie nutzen wird.« (Gutenberg [Unternehmung] 209)

Es ist zu vermuten, dass weder der **Neue Institutionalismus** noch die **verhaltenstheoretische Betriebswirtschaftslehre**, die es im Weiteren gegenüberzustellen gilt, *Gutenbergs* uneingeschränkte Zustimmung finden würden. Möglicherweise würde er darin sogar krasse Fehlentwicklungen erblicken; dies im Hinblick auf den verhaltenstheoretischen Ansatz wohl in stärkerem Ausmaß als bezüglich des Neuen Institutionalismus, denn dieser steht in mehrfacher Hinsicht seinem eigenen Denken näher. Aber dies sind lediglich Mutmaßungen.

Hier wie dort kann mit einiger Berechtigung davon ausgegangen werden, dass es sich um umfassend angelegte Wissenschaftsprogramme handelt. Sie gegenüberzustellen lohnt sich einerseits wegen offensichtlicher **Gegensätzlichkeiten**. Andererseits gibt es, wenn auf den ersten Blick auch nicht ohne Weiteres erkennbar, unübersehbare **Gemeinsamkeiten**. Es stellt sich also auch die Frage nach möglichen **Brückenschlägen** zwischen ihnen. Vorauszuschicken ist, dass sowohl die zunächst vorzunehmende Beschreibung beider Programme als auch ihre anschließende Konfrontation hier in äußerst knapper Form vorgenommen werden müssen. Vor allem ist eine selektive Darstellung unumgänglich.

3.4.1 Neuer Institutionalismus: Verfügungsrechte, Transaktionskosten und Delegationsbeziehungen im Mittelpunkt ökonomischer Analysen

Der **Neue Institutionalismus** – auch theoretischer Institutionalismus, Neue Institutionelle Ökonomik oder zuweilen auch Neue Institutionenökonomik genannt – hat in der Nationalökonomie schon seit einiger Zeit Fuß gefasst. Bereits in einem 1977 erschienenen Aufsatz sprach *Hans Albert* ([Handeln] 203) von einer **institutionalistischen Revolution**, was wohl als Hinweis auf die Tragweite dieser Perspektive für die Wirtschaftswissenschaften interpretiert werden darf.

Seit geraumer Zeit ist das für den Neuen Institutionalismus charakteristische method(olog)ische und inhaltliche Denken auch innerhalb der Betriebswirtschaftslehre aufgegriffen worden; seine Vertreter tragen es mit beträchtlichem Selbstbewusstsein vor. Allerdings handelt es sich über weite Strecken um keine wirklich originären Beiträge, sondern um ›Fremdbezug‹ aus dem angelsächsischen, vornehmlich US-amerikanischen Raum.

Neuer Institutionalismus und die erwähnten alternativen Bezeichnungen sind Sammelbegriffe für eine Reihe theoretischer Ansätze, die zwei wichtige Gemeinsamkeiten teilen. Zum einen nimmt in ihnen, wie schon bei den Klassikern der Wirtschaftswissenschaft *(Adam Smith* u. a.), die **Institutionenproblematik** eine zentrale Stellung ein, d. h. die Frage, wie und warum Institutionen (z. B. ein Unternehmen, Rechtsordnungen u. a.) entstehen und wie und warum sie das Verhalten von (nicht nur ökonomischen) ›Akteuren‹ beeinflussen. Zum anderen handelt es sich um eine spezifische **ökonomische Sicht der Welt**, was sich insbesondere in bestimmten Verhaltensannahmen bemerkbar macht. Dass diese Weltsicht – Kostproben folgen später – gelegentlich ziemlich aggressiv vorgetragen wird, deutet sich in der verbreiteten Rede von einem **ökonomischen Imperialismus** an. Seine Vertreter nehmen diese Charakterisierung in aller Regel ungerührt hin; interpretieren sie vielleicht sogar als eine Art Ehrenbezeichnung, weil sich darin ja auch die Breite des Anwendungsfeldes andeutet.

Herausragende Vertreter sind insbesondere *Ronald H. Coase* (Nobelpreis für Wirtschaftswissenschaften 1991), *Armen A. Alchian* und *Harold Demsetz, Douglass C. North* (Nobelpreis für Wirtschaftswissenschaften 1993) sowie *Oliver E. Williamson,* aber auch *James M. Buchanan* (Nobelpreis für Wirtschaftswissenschaften 1986) und *Gordon Tullock, Anthony Downs* oder *Mancur Olson* sind in diesem Zusammenhang zu nennen. Indiz für die intellektuelle Attraktivität des Neuen Institutionalismus ist, dass er mittlerweile zahlreiche Anhänger gefunden hat, die an seiner Verdeutlichung arbeiten. Auch deutschsprachige Lehrbücher sind zwischenzeitlich verfügbar (vgl. etwa Neus [Einführung]; Kräkel [Organisation]). Alles in allem rechtfertigt es sich, von einem (aus dem angelsächsischen Sprachraum importierten) Wissenschaftsprogramm zu sprechen. Allein die zahlreichen Nobelpreise, die an seine Protagonisten vergeben wurden, kündet vom hohen Stellenwert, der dem Neuen Institutionalismus seit geraumer Zeit beigemessen wird.

Von der Neoklassik zum Neuen Institutionalismus

Der Neue Institutionalismus ist zunächst einmal eine durchaus folgerichtige Weiterentwicklung der neoklassischen Theorie. Im Unterschied zur marxistischen Wirtschaftslehre oder zum Keynesianismus handelt es sich also keineswegs um einen radikalen Bruch mit der für die Neoklassik typischen Art des Theoretisierens. Dennoch scheint es gerechtfertigt, von der eingangs erwähnten institutionalistischen Revolution zu sprechen: Im Unterschied zur ›reinen Theorie‹ der Neoklassiker (*Léon Walras* u. a.) finden die das Verhalten der Wirtschaftssubjekte kanalisierenden **Institutionen** – beispielsweise die oben erwähnte Rechtsordnung, aber auch strukturelle Regelungen und Normen usw. – explizit Berücksichtigung. Insofern kann damit das **institutionelle Vakuum** der Neoklassik im Prinzip überwunden werden.

Zwei Aufsätze von *Ronald H. Coase* aus den Jahren 1937 (»The Nature of the Firm«) und 1960 (»The Problem of Social Cost«) markieren den Anfang des Neuen Institutionalismus, ohne dass damals bereits die heute übliche Bezeichnung benutzt wurde bzw. verfügbar war. Mittlerweile können (mindestens) drei größere **Theorienstränge** identifiziert werden, die unter diesen Sammelbegriff fallen (Picot [Organisation]):

- Die **Theorie der Verfügungsrechte** (Property-Rights-Theorie) geht vorwiegend auf *Coase* [Problem], *Alchian* [Property Rights] und *Demsetz* [Property Rights] zurück und beleuchtet den Einfluss rechtlicher und institutioneller Regelungen oder Bedingungen auf das Verhalten von Wirtschaftssubjekten. Ein beliebtes betriebswirtschaftliches Anwendungsfeld ist die ökonomische Analyse von Unternehmensverfassungen.
- Die **Transaktionskostentheorie** thematisiert die Kosten der Koordination ökonomischer Aktivitäten. Sie ist mit dem vorweg genannten Theoriezweig eng verwandt bzw. kommt in dessen Rahmen zur Anwendung; dies schon deshalb, weil die Übertragung eines Verfügungsrechts eine (kostenträchtige) Transaktion darstellt. Hauptvertreter ist *Williamson*, für den nicht Güter, sondern Transaktionen die Grundeinheit ökonomischer Analysen bilden ([Institutionen] 322).
- Die **Agency-Theorie** (auch: Prinzipal-Agent-Theorie) widmet sich der ökonomischen Analyse von Auftraggeber-Auftragnehmer-Beziehungen und geht im Kern ebenfalls auf *Coase* [Nature] zurück. Der Auftraggeber wird dabei üblicherweise Prinzipal, der Auftragnehmer als Agent genannt. Analysiert werden beispielsweise die Beziehungen zwischen Eigentümern und Managern (Jensen/Meckling [Firm]) oder zwischen Vorgesetzten und den ihnen weisungsmäßig unterstellten Mitarbeitern; dies speziell hinsichtlich der dabei auftretenden Kontrollprobleme.

Theorie der Verfügungsrechte

Am Beispiel von **Verfügungs- bzw. Handlungsrechten** zeigt sich besonders deutlich, in welcher Weise der Neue Institutionalismus institutionelle Regelungen zum Gegenstand ökonomischer Analysen macht. (Verfügungs- bzw. Handlungsrechte sind eine Teilklasse institutioneller Regelungen.) Ausgangspunkt ist die These, dass die Allokation und Nutzung von Wirtschaftsgütern maßgeblich von der Ausgestaltung jener Rechte abhängt, die

- die Art der Nutzung eines Gutes (Usus),
- die formale und materielle Veränderung eines Gutes (Abusus),
- die Aneignung von Gewinnen und Verlusten, welche durch Nutzung eines Gutes entstehen (Usus fructus) und
- die Veräußerung des Gutes an Dritte

betreffen.

Im angelsächsischen Bereich werden derartige Rechte als **Property Rights** bezeichnet. Die wörtliche Übersetzung – Eigentumsrechte also – ist jedoch insofern missverständlich, als ihre Ausübung nicht zwangsläufig an Eigentum im juristischen Sinn gebunden ist. Vielmehr kommt es darauf an, wer sie faktisch wahrnimmt bzw. wer über das infrage stehende Gut verfügt. Das können beispielsweise kapitalmäßig nicht beteiligte Manager einer Großunternehmung sein, aber auch Funktionäre, die Volks- bzw. Staatseigentum verwalten. Insofern ist es angebrachter, von Verfügungs- oder Handlungsrechten zu sprechen.

Gewissermaßen der Ausgangspunkt der verfügungsrechtlichen Theorie ist die These, dass die Art der Verteilung von Handlungsrechten weitreichende Konsequenzen für die **Effizienz** der Güterverwendung hat. Der Grund sind die mit der Rechtewahrnehmung stets verbundenen **Transaktionskosten**, und man geht vielfach davon aus, dass eine Rechteverteilung auf mehrere Personen oder auch die Beschränkung der Durchsetzbarkeit einzelner Verfügungsrechte zu einer ineffizienten Güterverwendung führen. Begründet wird diese (nicht unproblematische) Sichtweise mit dem Argument, dass die einzelnen Akteure von den ökonomischen Folgen ihrer Handlungen dann nicht in vollem Ausmaß betroffen sind. (Was die Transaktionskosten anbelangt, so ist zu berücksichtigen, dass sie sich nicht nur in monetären Größen niederschlagen, sondern etwa auch in der Mühe, der Zeit und gelegentlich auch im Ärger, der im Zusammenhang mit der Wahrnehmung von Verfügungsrechten entstehen kann.)

Die Theorie der Verfügungsrechte – und dies erklärt zumindest teilweise, weshalb sie vielfach als überaus attraktiv empfunden wird – hat einen erstaunlich **breiten Anwendungsbereich**. Er betrifft patentrechtliche Angelegenheiten ebenso wie solche des Umweltschutzes und die dabei auftretenden Haftungsprobleme (Stichwort: externe Effekte); es lässt sich erörtern, wie wohlfahrts- und/oder freiheitsstiftende Institutionen beschaffen sein müssen; es stellt sich – damit eng verwandt – die grundlegende Frage nach der jeweiligen Wirtschafts- und Gesellschaftsordnung u. v. m. (vgl. Schüller [Property Rights]). Im Folgenden soll etwas näher darauf eingegangen werden, welche Folgerungen aus dieser Theorie speziell für betriebswirtschaftliche Fragestellungen abgeleitet werden können. Als Anwendungsbeispiel bietet sich die **Gestaltung der Unternehmensverfassung** an.

Der Staatsverfassung vergleichbar, handelt es sich bei der Unternehmensverfassung um die **Grundordnung** von Institutionen mit wirtschaftlicher Zwecksetzung. Diese Grundordnung kann als **Verfügungsrechtestruktur** interpretiert werden, wobei sich zwei Rechtekategorien unterscheiden lassen (Vanberg [Markt] 15 ff.; Schanz [Erkennen] 124 ff.), nämlich

- das Entscheidungs- bzw. Koordinationsrecht (»Wer trifft die grundlegenden Entscheidungen über den abgestimmten Einsatz der verschiedenen Ressourcen?«) und
- das Recht auf Aneignung des Residuums (»Wem steht der Gewinn zu bzw. wer muss entstehende Verluste tragen?«).

Diese Rechte werden teilweise durch Gesetze geregelt. Im Hinblick auf bundesrepublikanische Regelungen ist dabei insbesondere an das Gesellschaftsrecht (Aktiengesetz, Handelsgesetz usw.) und an die verschiedenen Mitbestimmungsgesetze zu denken. Teilweise können sie aber auch vertraglich zwischen den Ressourceneinbringern (Kapitalgeber, Arbeitnehmer) festgelegt werden (freiwillige Vereinbarungen über Mitentscheidungsrechte oder über Erfolgs- und Kapitalbeteiligungen von Mitarbeitern).

Aus verfügungsrechtlicher Perspektive steht die **Effizienzbeurteilung** unterschiedlicher Verfassungsregelungen im Fokus des Interesses. Dabei dominiert traditionell die Sichtweise, dass eine ›Verdünnung‹ der Rechte von Kapitaleignern die Transaktionskosten erhöht und damit ineffizient ist (Furubotn/Pejovich [Economics]). Faktisch läuft dies allerdings auf eine sehr verkürzte Interpretation der Wirkungen von sinnvoll gestalteter Mitbestimmung und Entscheidungspartizipation hinaus. Vor allem werden sowohl ›friedensstiftende‹ als auch die Leistungsbereitschaft der Mitarbeiter möglicherweise anregende Effekte derartiger Regelungen übersehen, und es darf vermutet werden, dass dies letzten Endes mit den **Verhaltensannahmen** zusammenhängt, die dem Theoriegebäude des Neuen Institutionalismus zugrunde liegen – worauf zurückzukommen sein wird.

Transaktionskostentheorie

Der engagierteste Protagonist des zweiten Theorienstranges innerhalb des Neuen Institutionalismus ist *Oliver E. Williamson*. Die von ihm zum Mittelpunkt ökonomischer Analysen erklärte Welt ist die **Welt des Vertrages** bzw. die **Welt der Vereinbarungen**. (»Denn was du bist, bist du nur durch Verträge«, lässt Richard Wagner im ›Rheingold‹ den Riesen Fafner dem Göttervater Wotan ins Stammbuch schreiben.) Was zunächst als rein rechtswissenschaftliches Thema erscheint, hat sehr wohl mit Wirtschaft zu tun: Sowohl die Anbahnung als auch der Abschluss von Verträgen und Vereinbarungen, ferner deren Überwachung auf Einhaltung sind nämlich nicht kostenlos zu haben. Anders als die übliche Annahme, dass institutionelle Regelungen reibungslos funktionieren (bzw. dass Rechtsanwälte ggf. dafür sorgen, dass sie es tun), ist *Williamsons* **Konzept des relationalen Vertrags** auf Unannehmlichkeiten aller Art eingestellt, beispielsweise darauf, dass während der Laufzeit unvorhergesehene Ereignisse eintreten können, dass ein Vertragspartner aus bestimmten Gründen den ursprünglichen Inhalt ändern oder ganz aus dem Vertrag aussteigen will usw. Das Bestreben wird deshalb dahin gehen, sich gegen Derartiges ex ante abzusichern. Oder es müssen im Bedarfsfall, ex post also, neue Verhandlungen geführt werden. Wie auch immer – stets entstehen **Transaktionskosten**, und es wird geschätzt (und hier, weil nicht auch nur annäherungsweise exakt messbar, unverbindlich weitergegeben), dass sie in modernen Marktwirtschaften »einige 70–80 % des Nettosozialproduktes« (Richter [Institutionen] 5) ausmachen.

Williamson interpretiert Transaktionskosten bildhaft einprägsam als das »ökonomische Gegenstück zur Reibung« (Williamson [Institutionen] 1), und er hält seinen der Neoklassik verpflichteten Kollegen vor, ihnen würde das Vokabular fehlen, um die in der Praxis anzutreffenden ›Reibungserscheinungen‹ angemessen beschreiben zu können. Angespielt wird damit offensichtlich auf das institutionelle Vakuum der neoklassischen Theorie. Unterschieden wird zwischen

- **Ex-ante-Transaktionskosten**, die im Zusammenhang mit dem Entwurf sowie den erforderlichen Verhandlungen und/oder bei der Absicherung von (vertraglichen) Vereinbarungen anfallen, ferner
- **Ex-post-Transaktionskosten**, die dann entstehen, wenn Verträge nachträglich mit dem Ziel verändert werden, Fehlentwicklungen zu korrigieren, Institutionen zum Zweck der Beilegung von Streitigkeiten zu etablieren, und solchen, die schließlich in Form von Sicherungsaufwand zur Durchsetzung von Verträgen anfallen können.

Ein betriebswirtschaftliches Anwendungsfeld der Transaktionskostentheorie ist die **Unternehmensorganisation**. *Williamson* geht hier unter anderem auf die »bedeutsamste organisatorische Neuerung des zwanzigsten Jahrhunderts« ein, die »Gliederung in Sparten oder Geschäftsbereiche (Multidivisionalisierung) in den 1920er Jahren« (Williamson [Institutionen] 244), und kommt zu dem Ergebnis, dass dieser nach seiner Ansicht lange Zeit nicht angemessen verstandene Vorgang letzten Endes auf das Bestreben bzw. auf die Notwendigkeit zur Senkung von Transaktionskosten zurückzuführen sei. (Auf die nähere Begründung kann hier nicht eingegangen werden.) Verallgemeinert heißt dies, »dass Strukturunterschiede hauptsächlich im Dienste der Einsparung von Transaktionskosten entstehen« (Williamson [Institutionen] 263).

Vergleichsweise ausführlich wird ferner die **vertikale Integration** behandelt, wobei allerdings festzustellen ist, dass Williamson diesen Begriff nicht besonders präzise verwendet. Konkret geht es insbesondere um das Problem der **Fertigungstiefe** bzw. um Entscheidungen zwischen **Eigenfertigung oder Fremdbezug**, aber auch um **Formen der Kooperation** mit anderen Unternehmen. All dies – und Verschiedenes mehr – wird mit dem erwähnten Streben nach Einsparung von Transaktionskosten in Zusammenhang gebracht (Williamson [Institutionen] 96 ff.).

In diesem Zusammenhang wird von *Williamson* ([Institutionen] 136 ff.) das Toyota-Produktionssystem – Synonym für **Lean Production** – beschrieben, das ihm zufolge folgende Merkmale aufweist:

- Toyota hat bereits frühzeitig mit dem Aufbau enger Zulieferbeziehungen begonnen und dabei
- von Anfang an betont, dass zwischen Mutterunternehmen, Zweigunternehmen und Zulieferern eine langfristig angelegte ›Schicksalsgemeinschaft‹ besteht,
- wobei allerdings stets auf die disziplinierende Wirkung von wettbewerblichen Bietprozessen Wert gelegt und damit die exklusive Bindung an einen einzigen Lieferanten vermieden wurde (›dual/multiple sourcing‹);
- umgekehrt sind die Zulieferer darauf angewiesen, fast die gesamte Jahresproduktion an Toyota zu verkaufen, und ihre Abhängigkeit wird durch Standortspezifität ihrer Investitionen (sprich: Ansiedlung in unmittelbarer geografischer Nähe von Toyota-Produktionsstätten) weiter erhöht.

Lädt *Williamson*s Beschreibung nicht geradezu dazu ein, auf die dem Neuen Institutionalismus anhaftende **Tendenz zur Verfremdung der Wirklichkeit** aufmerksam zu machen? Plausibel machen lässt sich die Entstehung des Toyota-Produktionssystems bestimmt auch auf anschaulichere Weise, etwa durch Verweis auf japanspezifische kulturelle Gegebenheiten, die die von Toyota (und in ähnlicher Form auch von anderen japanischen Großunternehmen) gewählten Formen der Einsparung von Transaktionskosten überhaupt erst möglich machen. Die keineswegs nur für *Williamson* typische **Neigung zum Partout-Ökonomischen** steht hier einem Verständnis derartiger Hintergrundfaktoren eher entgegen. Gefördert wird es jedenfalls kaum.

Dies ergänzend kann auch Folgendes hier eingebracht werden: Wenn die Entstehung von Unternehmungen (aus Transaktionskostengründen) auf ›**Marktversagen**‹ (Coase [Nature]) zurückgeführt wird, so übt dies auf die dem Gedankengut des Neuen Institutionalismus verpflichteten ›Insider‹ durchaus nachvollziehbar einen außerordentlich großen Reiz aus. Solchen Argumenten fehlt jedoch gleichzeitig jene Anschaulichkeit und Überzeugungskraft, die sich bei den ökonomischen Klassikern noch mühelos entdecken lässt – etwa bei *Adam Smith,* der schon 1776 und dort bereits auf den ersten Seiten seiner »Untersuchungen über Natur und Ursachen des Wohlstands der Nationen« die Entstehung von Unternehmen mit der **Vorteilhaftigkeit arbeitsteiligen Vorgehens für die individuelle und kollektive Bedürfnisbefriedigung** in Zusammenhang gebracht hat – ein Gedanke übrigens, den es festzuhalten gilt. Wir werden ihn in verallgemeinerter Form bei der Darstellung des verhaltenstheoretischen Ansatzes wiederfinden.

Agency-Theorie

Dritter Zweig des Neuen Institutionalismus ist die **Agency-Theorie**, deren allgemeiner Gegenstand **Delegationsbeziehungen** aller Art sind. Auftraggeber/Prinzipale und Auftragnehmer/Agenten sind ihre abstrakten Akteure, Eigentümer und Geschäftsführer, Aufsichtsräte und Vorstände, Vorgesetzte und weisungsmäßig unterstellte Mitarbeiter ihre Konkretisierungen. Die (keineswegs vollständige) Aufzählung möglicher Agency-Situationen lässt zudem erkennen, dass ein und dieselbe Person sowohl Prinzipal als auch Agent sein kann. Der Vorstand einer Aktiengesellschaft beispielsweise – so jedenfalls sehen es die einschlägigen rechtlichen Regelungen vor – handelt als Agent, wenn seine Beziehung zum Aufsichtsrat zur Diskussion steht, gleichzeitig aber auch als Prinzipal gegenüber den übrigen Managern und den Mitarbeitern des Unternehmens insgesamt. Auch bei derartigen Beziehungen fallen Transaktionskosten an, die als **Agency-Kosten** bezeichnet werden.

Es bedarf allerdings einer etwas längeren Vorüberlegung, um zu erkennen, wie diese ins Spiel kommen: Auszugehen ist zunächst davon, dass Delegationsbeziehungen durch eine **asymmetrische Informationsverteilung** zugunsten des Agenten charakterisiert sind. Dieser Zustand kann sich ergeben aufgrund von

- ›**hidden characteristics**‹, d. h. dem Prinzipal nicht bekannten Eigenschaften des Agenten, bestimmten (vorhandenen oder fehlenden) Qualifikationen etwa,
- ›**hidden actions**‹, d. h. vom Prinzipal nicht oder zumindest nicht kostenlos erkennbaren Handlungen des Agenten, sowie

- ›**hidden intentions**‹, d. h. vom Prinzipal nicht abzuschätzenden Absichten des Agenten.

Aus derartigen Möglichkeiten ergeben sich für den Prinzipal spezifische **Risiken**. Eigennütziges Verhalten des Agenten unterstellt, muss er nämlich damit rechnen, von diesem übervorteilt zu werden. Zu denken ist hier beispielsweise daran, dass der Agent seinen Handlungsspielraum zu seinen Gunsten ausnutzt.

Weil der Prinzipal Derartiges i. d. R. nicht ohne Weiteres hinzunehmen bereit ist, muss er geeignete Vorkehrungen treffen. Diese aber verursachen die erwähnten **Agency-Kosten**. Sie setzen sich zusammen aus (Jensen/Meckling [Firm] 308)

- Kontrollkosten des Prinzipals, etwa in Form des Aufbaus geeigneter Überwachungssysteme,
- Garantiekosten, etwa in Gestalt der Verpflichtung des Agenten zur Leistung von Schadenersatz oder Rechenschaft, sowie
- verbleibenden Wohlfahrtsverlusten, die sich beispielsweise daraus ergeben können, dass der Agent auf die Ausführung von Handlungen verzichtet, die sich auf die Zielerreichung eigentlich positiv auswirken würden.

Damit zeichnen sich auch bereits gewisse Möglichkeiten ab, wie das Delegationsrisiko von Prinzipalen begrenzt werden kann. Sie betreffen die Installation

- von **Informations-, Kontroll- und Überwachungssystemen**, wobei jedoch das Problem auftaucht, dass die Agency-Kosten wegen möglicher kontraproduktiver Wirkungen derartiger Regelungen stark anwachsen;
- von **Anreizsystemen**, die Agenten dazu motivieren, gemäß den Interessen des Prinzipals zu handeln;
- schließlich von **Verträgen**, in denen festgeschrieben wird, wofür und wann bestimmte Gegenleistungen des Prinzipals (Pensionszusagen etwa) fällig werden.

Ausgesprochen neu ist all das, was die Agency-Theorie an Problemlösungen anzubieten hat, allerdings kaum. Die Hauptleistung dieses Ansatzes scheint denn auch eher in der **Ex-post-Systematisierung** von bekannten Sachverhalten und Gestaltungsmöglichkeiten zu bestehen als in der Entdeckung von Neuem. Zudem fällt auch hier auf, dass die **Verfremdung der Wirklichkeit** ausgesprochen lustvoll betrieben wird. Vor allem wäre es ein folgenschwerer Irrtum, wenn angenommen würde, die Agency-Theorie sei anderen **Führungstheorien** – und davon gibt es eine ganze Reihe – (aus wirtschaftswissenschaftlicher Sicht) schon deshalb überlegen, weil der zu ihrer Formulierung benutzte Begriffsapparat ökonomischen Problemgehalt signalisiert. – Dass man sich ausgesprochen schwer tut, die Höhe von Agency-Kosten – wie von Transaktionskosten allgemein – in konkreten Auftraggeber-Auftragnehmer-Beziehungen zu bestimmen, sei abschließend erwähnt.

Ausweitungen des Anwendungsbereichs: Beispiele für ökonomischen Imperialismus

Die Gestaltung der Unternehmensverfassung und von Organisationsstrukturen, Überlegungen zur Fertigungstiefe oder von Führungsbeziehungen – all dies sind Phänomene aus der Welt der Wirtschaft, wie man sie sich wohl üblicherweise vorstellt. Der Neue Institutionalismus erhebt jedoch Anspruch auf einen wesentlich größeren Anwendungsbereich. In *Richard B. McKenzies* und *Gordon Tullocks* »New World of Economics« (deutsch: Homo Oeconomicus) kommt dies besonders deutlich zum Ausdruck, »Der ökonomische Ansatz zur Erklärung menschlichen Verhaltens« von *Gary S. Becker* zielt in dieselbe Richtung, ebenfalls – welch kühner Titel – »Ökonomie ist Sozialwissenschaft« von *Bruno S. Frey*.

Auf *Becker* ([Ansatz]), der sich selbst wohl eher den Neoklassikern als den Neuen Institutionalisten zurechnen würde, soll an dieser Stelle nicht eingegangen werden. *McKenzie/Tullocks* breites Themenspektrum reicht von Liebe und Sex über wirtschaftliche Aspekte des Verbrechens, Schummeln und Lügen bis hin zur Notengebungspraxis an Universitäten unter dem Einfluss von ›prüf den Prof‹. Auch die Institution der Familie wird einer ökonomischen Betrachtung unterzogen, und da diese vermutlich als weniger verfängliches Lehrbuchthema gelten darf als etwa Sex und Prostitution (Kostprobe: »Der Mann zahlt einfach seine hundert Mark, und er muss sich nicht lange damit aufhalten, die Frau zu verführen [...]. Er muss ihr auch keine Blumen senden [...]«; McKenzie/Tullock [Homo] 95), soll hier kurz nachvollzogen werden, was es aus ökonomischer Sicht mit der in Familien nach wie vor nicht unüblichen Produktion von Kindern auf sich hat.

Auf dieses Thema steuern die Autoren zielstrebig zu, nachdem vorangehend die Kosten- und Nutzenaspekte von Ehe und Familie erörtert wurden. Sie leiten es mit der Bemerkung ein, in den Augen der Eltern seien Kinder »natürlich süße kleine Lieblinge«, kommen dann aber sofort zur Sache: »[…] aber sie sind auch wirtschaftliche Güter« (McKenzie/Tullock [Homo] 143). Sie aufzuziehen verursacht nicht nur Kosten für Nahrung, Kleidung, Unterkunft, Erziehung sowie Ausbildung usw.; hinzu kommen noch »die gefühlsmäßige Anstrengung und der Wert der Zeit der Eltern, die darauf verwandt werden, das Kind großzuziehen« (McKenzie/Tullock [Homo] 145). Schließlich seien auch typische **Opportunitätskosten** in Rechnung zu stellen, beispielsweise der Lohn, den die Mutter(!) »hätte verdienen können, hätte sie keine Kinder gehabt« (ebenda).

Derlei Investitionen werden aber selbstverständlich nicht ihrer Kosten wegen getätigt, sondern sind in ökonomischer Perspektive das in Kauf zu nehmende Übel, um einen **Nutzen** zu erzielen. Im konkreten Fall wird u. a. auf Kinder als Mittel zur Alterssicherung ihrer Eltern verwiesen, und weil dem heute nicht mehr die frühere Bedeutung zukommt, lässt sich damit mühelos auch gleich der Rückgang der Geburtenrate plausibel machen. Die Autoren haben aber nicht nur materielle Angelegenheiten im Sinn; sie wissen sehr wohl, dass sich auch aus immateriellen Dingen Nutzen ziehen lässt: »Zu den Motiven, Kinder zu haben, kann auch ein tiefliegendes Gefühl zählen, dass man seine Pflicht gegenüber der Gesellschaft erfüllen will, dass man das Unbekannte erfahren möchte […]« (McKenzie/Tullock [Homo] 144). – Ganz ohne ein wenig Ironie geht es an dieser Stelle nicht: Wie man sieht, erweisen sich einige Protagonisten der Neuen Institutionenökonomik gelegentlich als zutiefst einfühlsame Zeitgenossen…

Dass der Neue Institutionalismus auch artspezifische **Beiträge zur Aufklärung** leistet, soll hier abschließend anhand *Frey*s Betrachtungen zu den Salzburger Festspielen dargelegt werden (Frey [Ökonomie] 69 ff.), deren Ergebnisse man (mit ein wenig Mut) selbstredend auch auf Bayreuth, Bregenz, Luzern, Glyndebourne oder auf das Schleswig-Holstein-Festival übertragen kann. Wie aber ist der **Festspielkultur** – denn um diese geht es – mit den Mitteln der ökonomischen Analyse beizukommen?

Es versteht sich von selbst, dass dabei nicht die künstlerische Qualität des »Jedermann« (oder, im Fall von Bayreuth, der »Meistersinger« etwa) interessiert. Vielmehr werden (ökonomische) **Missstände und Fragwürdigkeiten** aufgedeckt, die sich im Umfeld von Kultur entwickeln können und die offensichtlich auch mit schöner Regelmäßigkeit in Erscheinung treten. Folgt man dem Autor, dann werden diese hauptsächlich von unzureichenden Budgeteinschränkungen verursacht. Dies führe dazu, so der anschließende Gedankengang, dass die Festspieldirektoren ihren (finanziellen) Spielraum über Gebühr ausdehnen und die Ticketpreise nicht kostendeckend festgelegt würden. Letzteres komme dem Nutzenstreben der Direktoren gleich mehrfach entgegen:

> »Vor allem können sie sich rühmen, durch tiefe Kartenpreise ›sozial‹ engagiert zu handeln (während der anonyme Steuerzahler belastet wird) und damit ihr Prestige erhöhen. Außerdem sind ihnen all jene dankbar, die die billig erworbenen Karten auf dem grauen oder schwarzen Markt […] zu einem weit höheren Preis weiterverkaufen. Die Direktoren können überdies Personen, die ihnen wichtig sind und die sie zu Gegenleistungen verpflichten wollen, schwer erhältliche Karten zukommen lassen« (Frey [Ökonomie] 79).

Auf dem schnellsten Wege erhöht das Direktorium seinen Nutzen dadurch, dass es sich selbst – trotz ehrenamtlicher Ausführung seiner Tätigkeit – keineswegs kleinlich bemessene Einkünfte zukommen lässt. Und indem die Bediensteten dieses Gremiums vergleichsweise großzügig entlohnt werden, versichern sich die Direktoren »so deren Loyalität, können Gegenleistungen erwarten und fördern ein angenehmes Arbeitsklima« (Frey [Ökonomie] 80).

Es ist klar, dass aus ökonomischer Sicht auch die Künstler nicht etwa als Vermittler einmaliger kultureller Erlebnisse, sondern als (eher unsympathische) **Nutzenstreber** betrachtet werden müssen. Angesichts der geschilderten Situation dürfen sie nämlich mit vergleichsweise üppigen Honoraren rechnen, und hier insbesondere die ›Superstars‹ der Szene, die »enorme Gagen fordern und durchsetzen« (ebenda) können. – Soweit ein kleiner Einblick in die **Ökonomik der Kultur**. Ein Urteil, was von solcherlei Ergebnissen zu halten ist, kann getrost dem Leser überlassen bleiben.

3.4.2 Verhaltenstheoretische Betriebswirtschaftslehre: Organisationen und Märkte in sozialwissenschaftlicher Perspektive

Entscheidungs- und Systemorientierung, der Neue Institutionalismus und auch die Hinwendung der Disziplin zur ökologischen Problematik lassen erkennen, weshalb und in welchem Sinn man die jüngere Geschichte des Fachs als eine »Geschichte von Öffnungen« (Seidel [Controlling] 309) begreifen kann. Eine spezifische Öffnung ist auch für das Programm einer verhaltenstheoretischen Betriebswirtschaftslehre (Schanz [Grundlagen]; [Erkennen]) charakteristisch. Angestrebt wird eine konsequente (sprich: systematische) Integration in die Sozialwissenschaft. Sie erfolgt über den **Verhaltensbegriff**, der selbstverständlich (und vor allem) auch willensgesteuertes Agieren – **Handeln** also – umfasst. Die Betriebswirtschaftslehre (zumindest in ihren grundlegenden Teilen) wird damit als **spezielle Sozialwissenschaft** konzipiert.

Vorangehend ist anzumerken, dass es sich um ein **Programm ›in eigener Sache‹** handelt. Ich – der Verfasser der vorliegenden kurzen Geschichte – habe die Ausarbeitung unter dem Eindruck zahlreicher mir problematisch erscheinender Entwicklungen innerhalb der neueren Betriebswirtschaftslehre über viele Jahre hinweg vorangetrieben. Insbesondere in inhaltlicher Hinsicht ist es natürlich offen für mannigfaltige Erweiterungen.

Dem hier im Vordergrund stehenden Anspruch auf Systematik – alles andere würde den verfügbaren Rahmen sprengen – tragen Strukturelemente Rechnung, die aufeinander aufbauen und als **Leitideen des verhaltenstheoretischen Programms** zu interpretieren sind. Gemäß dem bereits angesprochenen Verständnis von Betriebswirtschaftslehre als spezieller Sozialwissenschaft definiert sich das Fach nicht über eine der Ökonomik vorbehaltenen Orientierung mittels eines bestimmten Auswahlgesichtspunkts, etwa des Rationalprinzips, sondern über (zwei) Gegenstandsbereiche: **Organisationen und Märkte**, die, dem Charakter einer Sozialwissenschaft entsprechend, in erster Linie nicht von ihrer technischen, sondern von ihrer ›menschlichen‹ Seite her betrachtet werden. Eine so konzipierte Betriebswirtschaftslehre ist gleichzeitig sowohl **angewandte** als auch **anwendungsorientierte** Wissenschaft, die sich ihrem Anspruch nach nicht als bloßer ›Diener‹ der Praxis begreift, sondern darüber hinaus als deren konstruktiv-kritischer Wegbegleiter. Zusammenfassend bedeutet dies:

Die **verhaltenstheoretische Betriebswirtschaftslehre** versteht sich als spezielle Sozialwissenschaft. Ihre Gegenstandsbereiche sind Organisationen und Märkte. Mithilfe von allgemeinen Theorien über menschliches Verhalten will sie soziale und soziotechnische Sachverhalte erklären und deren wirtschaftliche Konsequenzen aufzeigen sowie der Praxis konstruktiv-kritisch zur Seite stehen.

Wenn es im Folgenden die

Systemstruktur der verhaltenstheoretischen Betriebswirtschaftslehre

zu skizzieren gilt, dann sollte deutlich werden, dass eine Orientierung an den in den → Abschn. 2.2.1 und 2.2.2 angestellten Überlegungen zur Methodologie von Wissenschaftsprogrammen zugrunde liegt. Zu erinnern ist insbesondere an die Grundbausteine solcher Programme, die als ihre **Leitideen** bezeichnet wurden. Im vorliegenden Fall handelt es sich um

- die **metaphysische Überzeugung**, dass soziales Geschehen gesetzmäßigen Abläufen folgt,
- den **methodischen Aspekt** des Individualismus im Sinne eines methodologischen Prinzips,
- die **theoretische Leitvorstellung** der Nutzenorientierung bzw. des Strebens nach Bedürfnisbefriedigung,
- die **praktische** bzw. **institutionelle Problematik** mit Organisationen und Märkten als ihren Gegenständen sowie
- den **sozial-** bzw. **moralphilosophischen Aspekt** der Freiheitssicherung.

Im Hinblick auf die folgenden Erläuterungen ist im Auge zu behalten, dass das praktische Anliegen, die vierte Leitidee also, eindeutig im Mittelpunkt des Interesses steht. Das heißt freilich nicht, dass den vor- und nachgelagerten Grundbausteinen vergleichsweise untergeordnete Bedeutung zukommt – auch wenn sich die Betriebswirtschaftslehre dort, wenn es etwa um die inhaltliche Ausprägung des individuellen Nutzenstrebens geht, tendenziell ›nur‹ in der Situation des Anwenders befindet.

Was es mit diesen dem verhaltenstheoretischen Programm zugrunde liegenden Leitvorstellungen auf sich hat und warum sie gewissermaßen in einer hierarchischen Beziehung stehen, lässt sich in gebotener Kürze wie folgt darlegen (vgl. dazu ausführlich Schanz [Erkennen] 59 ff.):

[1] Die erste und insofern grundlegendste Leitidee ist die Überzeugung, dass nicht nur das Geschehen in der natürlichen, sondern auch in der sozialen Welt **Gesetzmäßigkeiten** folgt. Sprachlich erfasst werden sie – wir wissen es schon – in Form von Gesetzesaussagen bzw. **nomologischen Hypothesen**. Im Rahmen einer angewandten Wissenschaft geht es allerdings nicht bzw. allenfalls in seltenen Ausnahmefällen um die **Entdeckung** von Gesetzmäßigkeiten, sondern um ihre **Anwendung** auf disziplinspezifische Probleme.

Es ist, wohlgemerkt, lediglich von einer (metaphysischen) **Überzeugung**, keineswegs von (sicherem) Wissen um die Existenz gesetzmäßiger Abläufe die Rede. Rechtfertigen lässt sie sich damit, dass sich die Vorstellung von der Existenz theoretischer Gesetzmäßigkeiten im naturwissenschaftlichen Bereich hervorragend bewährt hat und weiterhin bewährt. Dabei würde im Übrigen kein ernst zu nehmender Naturwissenschaftler behaupten wollen, im Besitz eines für alle Zeiten gültigen theoretischen Gesetzes zu sein, denn die Wissenschaftsgeschichte lehrt, dass der Erkenntnisfortschritt vor vermeintlich sicherem Wissen nicht haltmacht. Motor des Erkenntnisfortschritts ist gleichwohl die Suche nach Gesetzmäßigkeiten, denen das ›Weltgeschehen‹ folgt.

Im sozial- bzw. gesellschaftswissenschaftlichen Bereich stößt der metaphysische Glaube an die Existenz von Gesetzmäßigkeiten nicht selten auf (im ersten Moment durchaus verständliche) Akzeptanzschwierigkeiten: Entscheidet man sich nicht heute so, morgen schon vielleicht ganz anders? Stößt man in anderen Kulturkreisen nicht fortlaufend auf Verhaltensmuster, die dem damit nicht vertrauten Beobachter ausgesprochen befremdlich erscheinen? Die Beispiele ließen sich beinahe beliebig vermehren; der Augenschein spricht also zunächst einmal gegen die Gesetzesidee, die ja als **Invarianzvorstellung** zu interpretieren ist.

Nun entgeht den Verteidigern dieser Idee die Variabilität der Phänomene des sozialen Bereichs keineswegs. Sie meinen allerdings, dass sich hinter den konkreten Erscheinungsformen konstante Muster bzw. invariante Beziehungen – Gesetzmäßigkeiten eben – verbergen könnten, und sie halten es für eine rationale Strategie, nach solchen zu suchen bzw., wie im Fall des verhaltenstheoretischen Programms, diese im Rahmen von Erklärungen – etwa der Mitarbeiterführung oder der Wirkungen von Entlohnungssystemen – anzuwenden.

[2] Die zweite Leitidee ist als Hinweis zu begreifen, **wo** innerhalb des sozialen Bereichs solche Gesetzmäßigkeiten mit einiger Wahrscheinlichkeit anzutreffen sind. Aus guten Gründen wird hier auf den Bereich des individuellen Verhaltens verwiesen. Die in diesem Zusammenhang übliche Rede vom **methodologischen Individualismus** macht darauf aufmerksam, dass wir es mit einem methodischen Aspekt zu tun haben. Dass er in der Tradition des ökonomischen Denkens fest verankert ist, kann schon an dieser Stelle festgehalten werden (→ Abschn. 3.4.3).

Naheliegenden Missverständnissen vorbeugend ist festzuhalten, dass der Individualismus eine **Analysemethode**, nicht jedoch eine spezifische Werthaltung von Menschen darstellt. Diese Methode besagt nicht mehr (aber auch nicht weniger), als dass soziale Prozesse mithilfe von Gesetzesaussagen über das **Verhalten von Individuen** erklärt werden können. Die Gegenposition wäre ein methodologischer Kollektivismus, der in sozialen Aggregaten die grundlegenden Handlungseinheiten sieht.

Methodologische Individualisten gehen im Übrigen auch nicht naiv davon aus, dass individuelles Verhalten bzw. Handeln im sozialen oder gesellschaftlichen Vakuum stattfindet. Sie verweisen vielmehr darauf, dass dieses entscheidend von der **Situation** abhängt, in der es sich vollzieht; dabei natürlich davon, wie diese Situation von den jeweiligen Akteuren (auf Märkten und in Organisationen) **interpretiert** wird.

[3] Dieser Hinweis führt unmittelbar zur dritten Leitidee, die auf inhaltlich-theoretische Fragen aufmerksam macht. Sie betrifft die **Nutzenorientierung** der Menschen bzw. ihr **Streben nach Bedürfnisbefriedigung**. Da es sich hier um einen Programmpunkt handelt, der auch für den Neuen Institutionalismus konstituierend ist, erfolgt eine ausführlichere Diskussion in Abschn. 3.4.3. Dort wird sich zeigen, dass mit dieser Leitidee unterschiedlich umgegangen werden kann. Zum Verständnis der hier zu erörternden Systemstruktur der verhaltenstheoretischen Betriebswirtschaftslehre ist an dieser Stelle anzumerken, dass bei der inhaltlichen Spezifizierung des Nutzenstrebens vorrangig auf verschiedene **Motivationstheorien** zurückgegriffen wird, wie sie in der modernen Sozialpsychologie entwickelt wurden.

Hier – und damit gleichzeitig im Übergang zur praktischen Leitidee – tun sich auch zahlreiche Möglichkeiten der **Modellbildung** auf, bei denen die Methode der isolierenden Abstraktion zum Tragen kommt. Herausgehobene Bedeutung erlangen dabei Modelle des leistungsbezogenen Verhaltens und der Arbeitszufriedenheit, die sich als **Basiskonzepte** interpretieren lassen (Schanz [Personalwirtschaftslehre] 139 ff.). Ihr Stellenwert für das Unternehmensgeschehen liegt auf der Hand.

[4] Die vierte Leitidee bezieht sich auf jenen Bereich, in dem die Betriebswirtschaftslehre zu originären Lösungsbeiträgen aufgefordert ist und der deshalb auch eindeutig im Mittelpunkt des verhaltenstheoretischen Programms steht. Er betrifft die **institutionelle Problematik** und befasst sich, allgemein ausgedrückt, mit **Systemgestaltung**.

Bei den interessierenden Systemen handelt es sich einerseits um **Organisationen**, wobei aus der Perspektive der Ökonomik eine Eingrenzung auf solche mit wirtschaftlicher Zwecksetzung vorgenommen werden kann (aber nicht zwingend auch muss). Andererseits geraten **Märkte** ins Blickfeld (→ unten). – Hat man die handelnden bzw. sich verhaltenden Wirtschaftssubjekte im Auge, dann liegt es nahe, von **Produzenten** und **Konsumenten** im weiten Sinn zu sprechen, auf die sich das Interesse der Wirtschaftswissenschaft (und der Betriebswirtschaftslehre im Besonderen) konzentriert.

[5] Mit der letzten Leitidee – der sozial- bzw. moralphilosophischen – wird berücksichtigt, dass sich die Mitgliedschaft in Unternehmungen stets mit mehr oder weniger großen **Einschränkungen des Spielraums für individuelles Verhalten** verbindet, ein Tatbestand, der zu problematischen Konsequenzen vor allem im Hinblick auf das individuelle Freiheitsbedürfnis führen kann. Diesem Tatbestand trägt eine sozial- bzw. moralphilosophische Leitidee Rechnung, deren zentrales Problem die **Freiheitssicherung** ist.

Sich über individuelle Freiheit und deren Sicherung Gedanken zu machen, setzt zunächst die Annahme voraus, dass es so etwas wie ein universelles Freiheitsbedürfnis gibt, und verweist damit abermals auf einen motivationalen Aspekt individuellen Verhaltens. Zumindest im Hinblick auf seine Intensität sind dabei Relativierungen angebracht, denn es ist nicht zu übersehen, dass hier ein **kultureller Faktor** im Spiel ist. Herausgehobene faktische Bedeutung kommt diesem Bedürfnis (aus hier nicht näher zu erörternden Gründen) in den von westeuropäisch-liberalen Werten geprägten Teilen der Welt zu. In Konkurrenz steht es insbesondere mit dem **Sicherheitsbedürfnis** von Menschen, das damit selbstverständlich ebenfalls Berücksichtigung finden muss.

Am Beispiel des Konzepts der **individualisierten Organisation** (Lawler [Motivation]; Schanz [Organisationsgestaltung] 94 ff.) kann dargelegt werden, wie sich dem individuellen Freiheitsbedürfnis Rechnung tragen lässt. Konkret geht es darum, das durch Organisationsmitgliedschaft zwangsläufig in Kauf zu nehmende **Freiheitsopfer** – denn von einem solchen ist realistischerweise auszugehen – möglichst gering zu halten. Zwei konzeptionelle Bausteine tragen dem Rechnung. Sie laufen darauf hinaus, dass

- seitens der Organisation alternative institutionelle Arrangements (unterschiedliche Arbeitszeit- und Karrieremuster, Cafeteria-Systeme bei der Entlohnung u. v. a. m.) anzubieten und
- den Organisationsmitgliedern Möglichkeiten zur selbstbestimmten Wahl zwischen den offerierten Alternativen einzuräumen

sind. Diese Programmpunkte näher zu konkretisieren, würde an dieser Stelle zu weit führen. In der Praxis geht es bei ihrer Realisierung weniger darum, das Endziel einer (wie immer beschaffenen) vollkommen individualisierten Organisation im Auge zu haben, sondern durch konkrete Einzelmaßnahmen die Individualisierung pragmatisch-schrittweise voranzutreiben. (Vgl. hierzu ausführlich Schanz [Unternehmen].) Die Vorstellung von der individualisierten Organisation/dem individualisierten Unternehmen lässt sich dabei – dies nebenbei – als Beispiel einer **konkreten Utopie** interpretieren.

Organisationen und Märkte als Gegenstandsbereiche der verhaltenstheoretischen Betriebswirtschaftslehre

Wie bereits angemerkt und darin voll und ganz der Tradition folgend, stellen zwei disziplinkonstituierende Institutionen den Objektbereich der verhaltenstheoretischen Betriebswirtschaftslehre dar: **Organisationen** der einen Seite, **Märkte** auf der anderen.

Naheliegender Gründe wegen sind es dabei vorrangig **Wirtschaftsorganisationen**, die im Mittelpunkt des Erklärungs- und Gestaltungsinteresses liegen. Aber dieses Interesse ist auf diesen Typus nicht beschränkt. Vielmehr können auch Krankenhäuser, Universitäten, Betriebe der öffentlichen Verwaltung usw. Gegenstände betriebswirtschaftlich-verhaltenstheoretischer Analysen sein. – Bei der zweiten Klasse von Institutionen, den Märkten, handelt es sich – verkürzt ausgedrückt – um (abstrakte) Orte des Tausches von Gütern und Dienstleistungen, wobei sich im Zuge des Zusammentreffens von Angebot und Nachfrage spezifische Preise bilden. Bereits ein flüchtiger Blick auf die Marketinglehre zeigt, dass auch hier verhaltenswissenschaftliche Erkenntnisse zu einem besseren Verständnis und zu einer gezielten Steuerung der dabei ablaufenden Prozesse beitragen (können).

Die folgenden Hinweise beziehen sich vorrangig auf Organisationen mit wirtschaftlicher Zwecksetzung; auf Unternehmen also. Um den Anschluss an die Ausführungen im vorangehenden Abschnitt herzustellen, ist dabei zunächst zu fragen, von welcher Beziehung dabei zur theoretischen Leitidee, dem individuellen Streben nach Bedürfnisbefriedigung, auszugehen ist. Dabei stößt man umgehend auf den Tatbestand, dass es sich (wie übrigens auch bei Märkten) um **Mittel** bzw. um **Instrumente** zur Befriedigung individueller und kollektiver Bedürfnisse handelt. Oder etwas anders und abstrakter formuliert: Wirtschaftsorganisationen lassen sich als **Gratifikationsreservoire** bzw. als elementare Orte der Bedürfnisbefriedigung interpretieren. (Vgl. dazu ausführlich Schanz [Grundlagen] 183 ff.)

Dass diese vermutlich etwas ungewohnt erscheinende Interpretation naheliegt, zeigt bereits die Entstehungsgeschichte von Unternehmen oder ihrer historischen Vorläufer, etwa in Gestalt von Manufakturen: Deren vielleicht am stärksten ins Auge fallendes Merkmal ist die dort anzutreffende **arbeitsteilige Vorgehensweise** (und damit vielfach einhergehende **Effizienzvorteile**). *Adam Smith* hat dies vor mehr als 200 Jahren am Beispiel der Stecknadelfertigung anschaulich dargelegt (Smith [Wohlstand]). Daraus wiederum können sich – auf Einschränkungen wird noch hinzuweisen sein – vorteilhafte Folgen für die individuelle und ggf. auch für die kollektive Bedürfnisbefriedigung ergeben.

Die Entstehung von Märkten ist übrigens auf ganz ähnliche Weise zu erklären; dies insbesondere dann, wenn der Blick auf deren historisch ursprünglichste Form gelenkt wird: Auf den Markt ist man gegangen, um (mehr oder weniger lebensnotwendige) Güter zu **tauschen**. Der einfache, die Möglichkeiten derartiger Geschäfte stark einschränkende Naturaltausch wurde später durch indirekte Tauschformen abgelöst, wodurch Märkte zu reichlich abstrakten Institutionen geworden sind. Besondere Bedeutung kam dabei der **Entstehung des Geldes** zu. Indem dieses eine Vermittlungsfunktion übernahm, erweiterten sich die Möglichkeiten von Tauschvorgängen beträchtlich. Es liegt auf der Hand, dass bei alledem eine ziemlich direkte Beziehung zum individuellen und kollektiven Streben nach Bedürfnisbefriedigung vorliegt.

Nun leisten Wirtschaftsorganisationen, interpretiert als Gratifikationsreservoire, keineswegs nur positive Beiträge zur Bedürfnisbefriedigung. Effizienzvorteile, von denen oben die Rede war, können nämlich auch mit Nachteilen anderer Art erkauft werden. Inwieweit solche in Rechnung zu stellen sind, hängt dabei ganz entscheidend von den **Bedingungen arbeitsteiligen Vorgehens** und den in diesem Zusammenhang zur Anwendung kommenden **strukturellen Regelungen** ab, ein Aspekt, der in leicht erkennbarem Zusammenhang mit der Idee der Freiheitssicherung steht.

Was die erwähnten strukturellen Regelungen anbelangt, so ist dabei zunächst auf die **Organisationsstruktur** in ihrer Gesamtheit zu verweisen, d. h. auf die Aufgliederung einer Unternehmung in verschiedene Bereiche, Abteilungen, Gruppen usw. Von bestimmten strukturellen Merkmalen kann aber auch im Hinblick auf das in einer Organisation zur Anwendung kommende **Lohn- und Gehaltssystem**, die dort auszuführenden **Tätigkeiten**, den **Führungsstil** und die **Gruppenbeziehungen** u. Ä. gesprochen werden. Durch all dies wird individuelles Verhalten in gewisser Weise **kanalisiert** (vgl. hierzu ausführlich Schanz [Personalwirtschaftslehre]; [Organisationsgestaltung]).

Wie stark die Wirkungen derartiger Kanalisierungen gelegentlich sein können, demonstriert das Beispiel der Fließbandarbeit. In ihrer ›klassischen‹ Form ist für sie die permanente Wiederholung einer genau determinierten Handgrifffolge typisch. (Vgl. hierzu auch die einprägsamkomische Darstellung durch Charlie Chaplin in »Modern Times«.) Dass sich aus so gestalteten Tätigkeiten kaum positive Beiträge zur individuellen Bedürfnisbefriedigung ergeben, muss nicht besonders betont werden. Die **Entfremdung von der Arbeit** ist eine nahezu unausweichliche Folge; eine Thematik, die damit auch in den Fokus der (verhaltenstheoretischen) Betriebswirtschaftslehre gerät.

Entfremdung – die Bezeichnung deutet es an – ist kein wünschenswerter Zustand, zumal sich daraus auch für Wirtschaftsorganisationen häufig negative Konsequenzen ergeben, etwa in Gestalt von Absentismus und Fluktuation oder geringer Leistungsbereitschaft. Er muss aber nicht passiv hingenommen werden. Wissenschaft – dies wurde a. a. O. ausgeführt – informiert nicht nur über Gegebenes, sondern auch über Mögliches. Im hier zu diskutierenden Fall geht es darum, dass sich durch Veränderung der verhaltensrelevanten Umwelt (strukturelle Regelungen usw.) neue und unter Umständen positiv erweiterte Möglichkeiten zur individuellen Bedürfnisbefriedigung bieten. Dabei ist, um das obige Beispiel fortzuführen, u. a. an veränderte Wiederholungsfrequenzen von Einzeltätigkeiten zu denken. Entsprechende Programme haben sich in der betrieblichen Praxis längst etabliert. Gemeint sind verschiedene **neuere Formen der Arbeitsgestaltung** wie Job Rotation, Job Enlargement, Job Enrichment oder sogenannte teilautonome Gruppen. Sie lassen sich zu Recht als Beiträge zur **Humanisierung der Arbeitswelt** interpretieren.

Dies ist lediglich ein Beispiel, an welche Möglichkeiten der Modifikation struktureller Regelungen zu denken ist. Ähnliche Überlegungen lassen sich im Hinblick auf Lohn- und Gehaltssysteme, die Beförderungspraktiken, den Führungsstil usw. anstellen. Der Blick wird dabei keineswegs ausschließlich auf individuelles Verhalten gelenkt. Auch Gruppen oder Organisationen als Ganzheiten können zum Betrachtungsobjekt werden, wobei man dann allerdings besser von **Quasiverhalten** spricht. Auch hier sollen zumindest einige Hinweise erfolgen.

Zu betrachten sind zunächst die **Organisationsziele**, denen – wie erinnerlich – das entscheidungsorientierte Programm besondere Bedeutung beimisst (→ Abschn. 3.2.2). Ihre Formulierung hängt von gewissen Rahmenbedingungen ab, etwa von der Wirtschafts- und Sozialordnung. Zu berücksichtigen ist ferner die insbesondere bei Großunternehmen anzutreffende Trennung zwischen Eigentum und Management. Sie lässt erwarten, dass es gegenüber dem in der (neo-)klassischen Theorie allein vorgesehenen Unternehmerbetrieb zu gewissen **Zielverschiebungen** kommt.

Ein am individuellen Verhalten anknüpfender Ansatz ist ferner in der Lage, **Konflikt- und Machtfragen** zu behandeln (Abel [Individualismus]). Im Licht des verhaltenstheoretischen Programms liegt es in diesem Zusammenhang beispielsweise nahe, die Unterscheidung zwischen Bedürfnis- bzw. Wertkonflikten auf der einen Seite, Interessen- bzw. Verteilungskonflikten auf der anderen einzuführen. Erstere ergeben sich daraus, dass die am sozialen Geschehen beteiligten Individuen recht unterschiedliche Bedürfnisse zu befriedigen suchen bzw. verschiedene Wertvorstellungen haben. – Letztere, die Interessen- bzw. Verteilungskonflikte, hängen mit dem Tatbestand zusammen, dass – und hier kommt eine ganz traditionelle ökonomische Idee ins Spiel – viele Mittel zur individuellen Bedürfnisbefriedigung knapp sind.

Beide Situationen begründen ein gewisses Konfliktpotenzial. Ob es tatsächlich zur Konfliktaustragung kommt und welche Formen dabei gewählt werden, hängt dann offensichtlich maßgeblich von der Machtverteilung zwischen den Konfliktparteien ab.

Nun entfalten nicht nur strukturelle Regelungen eine verhaltenssteuernde Wirkung, sondern auch **Gesetze, Verordnungen,** allerlei **Grundsätze oder Regeln** u. v. a. m., und an Beispielen lassen sich anführen: das

Betriebsverfassungsgesetz oder das Gesetz gegen Wettbewerbsbeschränkungen, Führungsgrundsätze, ein System der Mitarbeiter-Erfolgsbeteiligung bis hin zur Unternehmenskultur. Sie wirken als positive oder negative Anreize bzw. **Gratifikationen**, auf die Individuen in ihrem Streben nach Bedürfnisbefriedigung spezifisch reagieren.

Lassen sich – und wie lassen sie sich – jene Bereiche des Fachs in das verhaltenstheoretische Programm einordnen, die von Anfang an im Mittelpunkt betriebswirtschaftlichen Forschens und Lehrens gestanden haben? Zu denken ist etwa an das betriebliche Rechnungswesen, verschiedene Finanzierungsmethoden, Optimierungsmodelle usw. Hier bietet sich abermals die Interpretation an, dass es sich bei ihnen um **Methoden** bzw. **Mittel zur Zielerreichung** (bzw., noch allgemeiner, zur individuellen und kollektiven Bedürfnisbefriedigung) handelt, deren Hauptzweck darin besteht, den Informationsstand bzw. die Entscheidungsgrundlagen der verschiedenen Wirtschaftssubjekte zu erhöhen oder überhaupt erst angemessen herzustellen (vgl. hierzu ausführlicher Schanz [Erkennen] 44 ff.). Dies ist, wohlgemerkt, eine mögliche Einordnung in das verhaltenstheoretische Programm, nicht jedoch eine Vereinnahmung durch dieses.

Wie insbesondere das an früherer Stelle bereits kurz erwähnte **Behavioral Accounting** (→ Abschn. 2.2.2) zeigt, empfiehlt es sich, speziell das Rechnungswesen aber auch bezüglich seiner **Verhaltenswirkungen** zu beurteilen. Hier lediglich als zwei Fragen formuliert: Wie etwa steht es um die Anreizstärke von besonders hoch oder niedrig angesetzten Kostenvorgaben? Müssen dabei nicht ggf. auch unterschiedliche Motivstrukturen der damit konfrontierten Mitarbeiter berücksichtigt werden? Ähnliche Überlegungen lassen sich im Hinblick auf andere Methoden anstellen, wie sie innerhalb der herkömmlichen Betriebswirtschaftslehre entwickelt wurden und weiterhin entwickelt werden. In dieser Hinsicht stellt das skizzierte Programm also gewiss keinen Bruch mit traditionellen Perspektiven dar. Vielmehr werden diese durch notwendige Erweiterungen fortgeführt, sodass man von einem Programm sprechen kann, das **Kontinuität und Wandel des betriebswirtschaftlichen Denkens** miteinander zu verbinden sucht.

Der Kontinuitätsgedanke sollte allerdings nicht überstrapaziert werden. Eine klare Abgrenzung ist insbesondere gegenüber jenen Teilen des *Gutenberg*'schen Programms vorzunehmen, deren technischingenieurwissenschaftliche Grundtendenz vergessen lässt, dass Wirtschaftsgeschehen eine Teilklasse sozialen Geschehens ist. Das heißt keineswegs, dass die verhaltenstheoretische Betriebswirtschaftslehre ihrerseits ›technikblind‹ wäre, denn Technik wird von Menschen geschaffen, und diese sind es auch, die davon – ob positiv oder negativ, ob als Produzenten oder als Konsumenten – zutiefst betroffen sind.

Vor diesem Hintergrund greift denn auch *Gutenbergs* Einwand nicht, mit dem verhaltenstheoretischen Ansatz sei der Verzicht verbunden, »eine Brücke vom arbeitenden Menschen zu der Funktion zu schlagen, die er im Unternehmen ausübt«; dass die Verhaltenstheorie lediglich als »Vorspann« diene und »die der verhaltenswissenschaftlichen Methode nicht zugänglichen Probleme den betriebswirtschaftlichen Spezialdisziplinen« überlassen blieben; dass gar von einem »Akt der Resignation« auszugehen sei und es sich damit um keinen konstruktiven Beitrag handle, »den Gegenstand der Betriebswirtschaftslehre zu bestimmen« (Gutenberg [Unternehmung] 48 f.).

Diese Einschätzung wurde (vermutlich) in den frühen 1980er Jahren zu Papier gebracht, und es ist natürlich möglich, dass *Gutenberg* die Dinge heute etwas differenzierter sehen würde. Wir wissen es nicht. Bezüglich seines damaligen harschen Urteils bleibt allerdings festzustellen: Ein Plädoyer für Pluralismus in der Betriebswirtschaftslehre hat die zeitweilige Galionsfigur der Disziplin ihr gewiss nicht hinterlassen!

3.4.3 Verbindendes und Trennendes

Einleitend ist es angekündigt worden: Neuer Institutionalismus und verhaltenstheoretische Betriebswirtschaftslehre stehen sich möglicherweise weniger beziehungslos gegenüber, als es im ersten Moment vielleicht erscheinen mag. Stattdessen war sogar von unübersehbaren Gemeinsamkeiten die Rede, die unter Umständen eine tragfähige **Grundlage für Brückenschläge** abgeben könnten. Es ist, mit anderen Worten, nach Verbindendem und Trennendem Ausschau zu halten; bei Letzterem auch in der Hoffnung, dass es nicht auf Dauer bestehen muss. Aber auch hier gilt: Inkommensurables sollte bei alledem klar erkennbar bleiben.

Das Erbe der nationalökonomischen Klassiker

Was die erwähnten Gemeinsamkeiten anbelangt, so bestehen sie zunächst darin, dass der Neue Institutionalismus und die verhaltenstheoretische Betriebswirtschaftslehre eine gemeinsame Wurzel haben, die sie mit Lebenssaft versorgt: Beide profitieren vom Geiste der **nationalökonomischen Klassiker** (die, was mitunter geflissentlich übersehen wird, in Wirklichkeit Sozialwissenschaftler waren), wobei insbesondere an *Adam Smith, David Hume, John Stuart Mill* und einige weitere Protagonisten zu denken ist.

Dank verschiedener Vorarbeiten von *Hans Albert* ist es möglich, die das Denken der Klassiker prägenden Leitideen hier in gebündelter Form vorzutragen. Darüber hinaus wird der Leser schnell merken, dass diese Ideen (in teilweise etwas anderer Form und auch in veränderter Reihenfolge) zur Charakterisierung der verhaltenstheoretischen Betriebswirtschaftslehre herangezogen wurden. Aufgeführt werden (Albert [Handeln] 183 f.)

- der methodologische Individualismus,
- die These, dass (auch) soziales Geschehen Gesetzmäßigkeiten folgt,
- die Orientierung des Verhaltens der Individuen am Selbstinteresse,
- die Bedeutung von Einschränkungen in Form von Mittelknappheit im Zusammenhang mit der Bedürfnisbefriedigung sowie schließlich
- die Kanalisierung individuellen Verhaltens durch institutionelle Regelungen, u. a. durch die Rechtsordnung.

Vor dem Hintergrund dieser Rekonstruktion zeichnen sich folgende Gemeinsamkeiten zwischen Neuem Institutionalismus und verhaltenstheoretischer Betriebswirtschaftslehre ab:

[1] Was zunächst den Tatbestand der **Mittelknappheit** anbelangt, so handelt es sich um einen für das Denken innerhalb der Wirtschaftswissenschaften derart zentralen Gesichtspunkt, dass darauf an dieser Stelle nicht näher eingegangen werden muss. Er ist gleichsam disziplinkonstituierend. Darüber hinaus ist allerdings festzuhalten, dass es sich bei der Knappheit bzw. bei der Begrenzung von Möglichkeits-

räumen keineswegs um einen der Ökonomik vorbehaltenen, sondern um einen allgemeinen **sozialen Tatbestand** (vgl. Schanz [Betrachtungen] 18 ff.) handelt.

[2] Obwohl Vertreter des Neuen Institutionalismus sich dazu kaum äußern, darf angenommen werden, dass die These, wonach soziales Geschehen **Gesetzmäßigkeiten** folgt, auch von ihnen zumindest implizit geteilt wird; dies selbst dann, wenn sie sich darüber nicht im Klaren sind oder dazu nicht explizit Stellung nehmen.

[3] Der **methodologische Individualismus** liegt beiden Programmen in klar erkennbarer Weise zugrunde.

[4] Auch bezüglich der Orientierung des Verhaltens der Individuen an ihrem **Selbstinteresse** besteht Übereinstimmung, nicht jedoch – und dies gilt es festzuhalten – im Hinblick auf die Konkretisierung dieser Idee. Zumindest momentan muss hier von Unvereinbarkeiten ausgegangen werden, und es ist darauf zurückzukommen, worin sie bestehen und wie sie ggf. überwunden werden können.

[5] Hier wie dort wird von **Verhaltenssteuerung** durch bzw. mittels institutionelle(r) Regelungen ausgegangen, wobei teilweise allerdings unterschiedliche Schwerpunkte gesetzt werden. Insofern ergänzen sich beide Ansätze. Zusammenfassend heißt dies:

Zwischen dem **Neuen Institutionalismus** und der **verhaltenstheoretischen Betriebswirtschaftslehre** existieren keineswegs nur marginale Gemeinsamkeiten. Es ist, ganz im Gegenteil, von ausgesprochen engen Beziehungen auszugehen. Dies hängt damit zusammen, dass beide Programme auf weitgehend identischen Leitideen basieren.

Verhaltensannahmen und Menschenbilder

Dennoch gibt es zumindest gegenwärtig nicht zu übersehende Unvereinbarkeiten – Inkommensurabilitäten eben. Das ist auch nicht weiter verwunderlich, denn identische Leitideen lassen sich durchaus unterschiedlich ausgelegen. Sie definieren lediglich Spielräume. Im vorliegenden Fall ist es die **Orientierung des Verhaltens am Selbstinteresse**, eine Verhaltensannahme, deren konkrete Ausprägung offensichtlich in ihrer inhaltlichen Ausprägung abweichend interpretiert wird.

Unter den Neuen Institutionenökonomen dürfte es *Williamson* sein, der sich der Bedeutung von Verhaltensannahmen am stärksten bewusst ist (Williamson [Institutionen] 50). *Williamson* ist auch derjenige, der auf die Beschreibung solcher Annahmen besonders großen Wert legt. Er kommt dabei zu der folgenden ›griffigen‹ Quintessenz: »Um die menschliche Natur, so wie wir sie kennen, zu charakterisieren, greift die Transaktionskostentheorie zu begrenzter Rationalität und Opportunismus« (Williamson [Institutionen] 50).

Begrenzte Rationalität bedeutet dabei, dass Wirtschaftssubjekte den für sie günstigsten Handlungserfolg anstreben, dass sie dies jedoch vor dem Hintergrund unvollständiger bzw. unvollkommener Information über Handlungsmöglichkeiten und Handlungskonsequenzen tun. Dies ist, in aller Kürze, das **Menschenbild des Satisfizierers**, der sich im Unterschied zum Maximierer mit befriedigenden Handlungsergebnissen abfindet (Simon [Entscheidungsverhalten]). Von möglichen Unterschieden im Detail abgesehen, ist dagegen aus verhaltenstheoretischer Sicht wenig einzuwenden.

Für den hier anzustellenden Vergleich bedarf die zweite Verhaltensannahme, der **Opportunismus**, deutlich größerer Aufmerksamkeit. *Williamson* ([Institutionen] 54) versteht darunter

> »die Verfolgung des Eigeninteresses unter Zuhilfenahme von List. Das schließt krassere Formen ein, wie Lügen, Stehlen und Betrügen, beschränkt sich aber keineswegs auf diese. Häufiger bedient sich der Opportunismus raffinierterer Formen der Täuschung [...]. Allgemeiner gesagt, bezieht sich Opportunismus auf die unvollständige oder verzerrte Weitergabe von Informationen, insbesondere auf vorsätzliche Versuche, irrezuführen, zu verzerren, verbergen, verschleiern oder sonstwie zu verwirren.«

Williamson sagt selbst, dass es sich dabei um eine »verdüsterte Sicht der menschlichen Natur« (Williamson [Institutionen] 73) handelt, und er geht auch keineswegs davon aus, dass sich Menschen immer und überall in diesem Sinn opportunistisch verhalten. Aber – und dies ist seine Botschaft – die Wirtschaftssubjekte tun gut daran, wenn sie diese Möglichkeit beim Abschluss von Verträgen und Vereinbarungen stets in Rechnung stellen. Wie also, dies ist sein zentrales Problem, »schafft man Vertrags- und Beherrschungs- bzw. Überwachungssysteme, die der begrenzten Rationalität Rechnung tragen und zugleich Transaktionen gegenüber den Gefahren opportunistischen Verhaltens absichern« (Williamson [Institutionen] XI)?

Eine berechtigte, treffend formulierte Frage: Wird der erfahrungswissenschaftliche Anspruch ernst genommen, dann besteht selbstverständlich Anlass, auch die eher düsteren Seiten der menschlichen Natur explizit zur Kenntnis zu nehmen, Seiten, die im Rahmen herkömmlicher Verhaltenstheorien möglicherweise nicht immer hinreichend beachtet werden. (Ob dem tatsächlich so ist, kann hier dahingestellt bleiben.)

Aber es drängt sich umgehend eine ebenso gewichtige Gegenfrage auf: Kann und darf dies wirklich **alles** sein, womit sich die Ökonomik – Betriebs- und Volkswirtschaftslehre gleichermaßen – befasst? Und weiterhin: Lässt sich auf der Grundlage von *Williamson*s Menschenbild etwa das ökonomisch unbestreitbar relevante Problem des individuellen Leistungsverhaltens und die hierbei anzunehmende Beziehung zur individuellen Arbeits(un)zufriedenheit befriedigend erklären? Das ist nur eine von vielen Anschlussfragen, die sich hier stellen und die sich keineswegs auf *Williamson*s selektiven Blick auf die von ihm betrachteten Akteure beschränken. Sie betreffen vielmehr das neoinstitutionalistische Menschenbild in seiner Gesamtheit.

Gelegentlich hat es den Anschein, dass sich der gesunde Menschenverstand bei ihrer Beantwortung leichter tut als nicht wenige Disziplinvertreter, denn weder die Transaktionskostentheorie noch der Neue Institutionalismus in seinen verschiedenen Spielarten können hier befriedigende Auskünfte geben. Die Verhaltensannahmen – ob nun in Form von Opportunismus als stärkster Form des Selbstinteresses oder in Gestalt der »schlichten Verfolgung von Eigeninteresse« (Williamson [Institutionen] 56) – verhindern offenbar den Zugang zu zahlreichen Phänomenen, deren ökonomische Bedeutung nicht von der Hand zu weisen ist.

Ob sie sich mittels einer wie auch immer gearteten ›ökonomischen‹ Theorie überhaupt erfassen lassen, erscheint mehr als fraglich. Innerhalb der verhaltenstheoretischen Betriebswirtschaftslehre wird daher von vornherein auf Theorien zurückgegriffen, die in den **Bereich der Psychologie** (einschließlich Sozialpsychologie und weiteren Verästelungen) gehören, und hier speziell auf **Motivationstheorien.** Das ist keineswegs eine Art Kapitulation der Ökonomik, sondern eine im klassischen Programm durchaus angelegte Problemsicht, die es erlaubt, neben dem institutionellen auch das **motivationale Vakuum** aufzufüllen. (Aufschlussreich ist in diesem Zusammenhang, mit welcher – geradezu entwaffnenden – Bescheidenheit *McKenzie/Tullock* ([Homo] 10) ihre diesbezügliche **Verzichtlösung** zu Protokoll geben: »Wir studieren Angebot und Nachfrage, ohne uns um die Wünsche und Geschmäcker der Konsumenten zu kümmern, die doch so viel mit dem Nachfrageverhalten zu tun haben. Dieses Problem überlassen wir dem Psychologen, und zwar ganz einfach deshalb, weil wir nicht genug wissen, um es richtig zu behandeln.«)

Im Programm der ökonomischen Klassiker – und dabei vor allem in *Adam Smith*s »Theorie der ethischen Gefühle« (Smith [Gefühle]) – war die Ignoranz der motivationalen Dimension des Handelns keineswegs angelegt – eher vom Gegenteil ist auszugehen. Ohne dem hier weiter nachzugehen: Die abstrakte Vorstellung vom Nutzenstreben der Menschen bzw. von der Verfolgung ihres Eigeninteresses bedarf der **Spezifizierung**, wenn das Verhalten der Wirtschaftssubjekte im Rahmen ökonomisch relevanter Erklärungsmodelle adäquat erfasst werden soll. In Gestalt neuerer Motivationstheorien liegen entsprechende Ansätze vor. Wenn dabei zusätzlich bedacht wird, dass diese Ansätze der ökonomischen Denktradition sehr nahestehen, so sollte dies zugleich der Akzeptanz des vorzuschlagenden Brückenschlags zwischen Neuem Institutionalismus und der verhaltenstheoretischen Betriebswirtschaftslehre förderlich sein.

Inhaltlich geht es also darum, über die (vom Neoinstitutionalismus selektiv betriebene) **Überwindung des institutionellen Vakuums** dasselbe auch hinsichtlich des **kognitiv-motivationalen Vakuums** anzustreben. Einen geeigneten Anknüpfungspunkt bildet hier die kognitive Motivationspsychologie, wobei der sogenannten **Erwartungstheorie der Motivation** einschließlich ihrer Verästelungen besondere Bedeutung zukommen dürfte. Zielorientiertes Verhalten wird dort – hier in sehr gedrängter Form vorgetragen – als Zusammenspiel zwischen

- verhaltens- bzw. handlungsleitenden Motiven und

- Erwartungen bezüglich der voraussichtlichen Handlungskonsequenzen sowie der hierfür relevanten Informationen

interpretiert. Die gewählte Formulierung macht deutlich, dass der Mensch, anders als etwa im Rahmen lernpsychologischer Ansätze, als **zukunftsorientiertes Wesen** betrachtet wird.

Relevante Ergebnisse der modernen Motivationsforschung und ihre Konsequenzen für die Behandlung von betriebswirtschaftlichen Gestaltungsproblemen können hier nur in Form von Stichworten (vgl. ausführlich Schanz [Erkennen] 91 ff.) vorgetragen werden:

- Für das Verhalten der Wirtschaftssubjekte ist eine **Motivvielfalt** bestimmend.
- Bezüglich der konkreten Motivausprägung ist von **individuellen Unterschieden** auszugehen (→ hierzu die Ausführungen in Abschn. 3.4.2 zur individualisierten Organisation, die dem Rechnung tragen).
- Besonders ausschlaggebend für individuenspezifische Motiv- bzw. Bedürfnisstärken sind **frühe** (d. h. in der Regel vorberufliche) **Sozialisationserfahrungen**.
- Verhaltensrelevante Erwartungen hängen in hohem Maße von der **Handlungssituation** (aber auch von Vergangenheitserfahrungen und gewissen Persönlichkeitsmerkmalen) ab.
- Die Verhaltenssteuerung bzw. -kanalisierung kann folglich primär über eine gezielte **Gestaltung der Handlungssituation** erfolgen.

Die Motivationstheorie, dies ist abschließend festzuhalten, fungiert innerhalb des verhaltenstheoretischen Programms als eine Art **Theoriekern**, an dessen Seite zu Erklärungszwecken ggf. weitere Verhaltenstheorien treten können. Ihre herausgehobene Bedeutung ergibt sich daraus, dass damit der für ökonomische Belange besonders bedeutsame Aspekt der **Zielorientierung** im menschlichen Verhalten explizit betont wird und sich damit vielfältige Zugangsmöglichkeiten zu erklärungsbedürftigen betriebswirtschaftlichen Problemen eröffnen.

Nachwort

In einem 2006 erschienenen Lexikonbeitrag (Köhler/Küpper/Pfingsten [Betriebswirtschaftslehre] 856) haben die Verfasser folgende vier Tendenzen der zukünftigen betriebswirtschaftlichen Forschung unterschieden:

- intensivierte Bemühungen um weitere theoretische Fundierung,
- Zunahme empirischer Studien,
- Ausweitung der Internationalisierung und
- zunehmende Verbreitung von Forschungskooperationen

Es bietet sich an, diese nach wie vor aktuelle Tendenzbeschreibung abschließend in der Absicht aufzugreifen, einige damit einhergehende Probleme aufzuzeigen und in der gebotenen Kürze zu kommentieren. Der Zusammenhang zu den um Wissenschaftsprogramme kreisenden vorangehenden Ausführungen ist insofern gegeben, als die genannten Tendenzen ihren Niederschlag auch innerhalb solcher Programme finden können.

Zum letzten Punkt, dies vorweg, habe ich außer dem Hinweis, dass mir daran manches ambivalent erscheint, wenig anzumerken. Hier wird die Zukunft zeigen müssen, ob insbesondere die Bildung sogenannter **Exzellenzcluster** an einzelnen Universitäten oder auch zwischen diesen die Forschung wirklich voranbringt und, keineswegs nebensächlich, welche Konsequenzen sich daraus für die jeweiligen Lehrangebote ergeben. – In der Regel von der Deutschen Forschungsgemeinschaft geförderte **Schwerpunktprogramme** sind mittlerweile keine Seltenheit, auch wenn sich daran (aus meiner Ansicht nach durchaus nachvollziehbaren Gründen) nur ein Teil der Hochschullehrer beteiligt bzw. zu beteiligen gewillt ist.

Über die genannten Tendenzen hinaus wird abschließend der Blick auf zwei Problemfelder gelenkt, von denen ich meine, dass sie in der betriebswirtschaftlichen Forschung und Lehre über den gegenwärtigen Stand hinaus aus verschiedenen Gründen gezielter Aufmerksamkeit bedürfen – auf den neuerdings weiter gewachsenen Stellenwert der Unternehmensethik und auf einen gezielten Rückgriff auf neurowissenschaftliche Erkenntnisse jüngeren Datums.

Anmerkungen zum Bemühen um weitere theoretische Fundierung

Undifferenziert formuliert, sind auf eine weitere theoretische Fundierung des Fachs gerichtete Bemühungen einhellig zu begrüßen. In Erweiterung der Ausführungen zum kognitiven Ziel der Wissenschaft (→ Abschn. 2.1.1) ist hinzuzufügen, dass sich die Anwendung von Theorien selbstverständlich nicht auf **Erklärungen** beschränkt. Theorien ermöglichen darüber hinaus auch **Prognosen**, sind in **(sozial-)technologischer Hinsicht** nützlich und können auch in **kritischer Absicht** Bedeutung erlangen (Schanz [Methodologie] 56 ff.).

All das ist betriebswirtschaftlich hochgradig relevant: Prognosen, theoriegestützte Voraussagen also, etwa im Rahmen der Planung; (Sozial-) Technologien für praktisches Gestalten schlechthin; Kritik, die sich auf änderungsbedürftige Zustände und nicht intendierte Nebenwirkungen absichtsgeleiteten Handelns richtet.

Bezüglich dieser ersten Tendenz tun sich allerdings weitergehende Fragen auf: Sollte sich die erwartete weitere theoretische Fundierung auf die Entwicklung oder Ausschöpfung von (vermeintlich) **eigenständig-betriebswirtschaftlichen** (oder, etwas weiter gefasst: eigenständig-wirtschaftswissenschaftlichen) **Theorien** konzentrieren, wie sie beispielsweise in Gestalt der neoinstitutionalistischen Ansätze (→ Abschn. 3.4.1) vorliegen? Ich will an dieser Stelle nochmals betonen, dass der Neoinstitutionalismus sehr wohl auf einer Verhaltenstheorie aufbaut, halte diese Grundlage allerdings für viel zu einengend. Dagegen erweitern sich die Möglichkeiten der theoretischen Fundierung schlagartig, wenn der Theoriebestand der sozialwissenschaftlichen Nachbardisziplinen systematisch erschlossen wird. Faktisch läuft dies darauf hinaus, das Fach in der **Rolle des Anwenders** von Theorien zu sehen. Ein Attraktivitätsverlust verbindet sich damit nicht notwendigerweise. M. E. ist eher vom Gegenteil auszugehen, denn die sinnvolle Anwendung auch von ›fremdbezogenen‹ Theorien kann eine intellektuell sehr fordernde und befriedigende Angelegenheit sein. Jeder, der sich darin ernsthaft versucht hat, wird dies uneingeschränkt bestätigen können.

Meine Meinung zu diesem Problemkomplex deckt sich im Übrigen mit der gelegentlich von *James M. Buchanan* zum Ausdruck gebrachten Ansicht, die Wirtschaftswissenschaften müssten versuchen, »menschliche Handlungen innerhalb sich entwickelnder institutioneller Gegebenheiten zu erklären [...]. Das wesentliche Thema des Ökonomen besteht darin, menschliches Verhalten innerhalb solcher sozialen Institutionen zu untersuchen, nicht aber abstraktes Verhalten als solches« (Buchanan [Wirtschaftswissenschaften] 99). Dem hinzuzufügen ist allerdings, dass bei einer Analyse von »Handlungen innerhalb sich entwickelnder institutioneller Gegebenheiten« sehr wohl auf Wissen um »abstraktes Verhalten« rekurriert werden muss. Es kommt bei der Erklärung betriebswirtschaftlich relevanter Sachverhalte zur Anwendung. Aus naheliegenden Gründen handelt es sich dabei (→ Abschn. 3.4.2) in erster Linie um Bedürfnis- bzw. Motivationstheorien, die für Erklärungszwecke herangezogen werden – und ein Nebenergebnis besteht darin, dass damit die häufig völlig unreflektiert bemühte Rede von der Betriebswirtschaftslehre als einer angewandten Wissenschaft eine der Sachlage angemessene Interpretation erfährt. (Daneben, damit dies nicht untergeht, ist das Fach nach meinem Verständnis selbstverständlich praxisorientiert.)

Im Ergebnis ist festzustellen, dass sich bezüglich einer weiteren theoretischen Fundierung der Disziplin auch die Frage nach ihrer **Richtung** und ihrem **Inhalt** stellt. Sie birgt, wie die Gegenüberstellung von Neuem Institutionalismus und dem verhaltenstheoretischen Programm zeigte, reichlich Zündstoff.

Anmerkungen zur Zunahme empirischer Studien

Ähnlich ambivalent fällt auch meine Beurteilung der zweiten Tendenz zukünftigen Forschens im Fach aus. Sie betrifft die prognostizierte Zunahme empirischer Studien. Völlig richtig ist dabei zunächst einmal, dass erfahrungswissenschaftliche Theorien einer Überprüfung ihrer Übereinstimmung mit der Realität bedürfen. Schließlich handelt es sich bei ihnen (einschließlich der aus ihnen abgeleiteten oder ableitbaren Hypothesen) um **kontrollbedürftige Spekulationen**. Wird der empirische Test bestanden, so können sie – sehr verkürzt ausgedrückt – als vorläufig bewährt gelten, bestehen sie ihn nicht, als falsifiziert. (Faktisch kann es ausgesprochen schwierig sein, eine Entscheidung über ihre tatsächliche Falsifikation zu treffen.)

Ein deutlich ungutes Gefühl hinsichtlich des Wertes empirischer Studien ist dort angebracht, wo die Datensammlung **nicht theoriegeleitet** erfolgt. Das ist mitunter nicht auf den ersten Blick erkennbar, denn häufig werden – so zumindest die in nicht wenigen Publikationen gewählte Art ihrer Präsentation – Hypothesen formuliert, die im Anschluss daran dem empirischen Test unterworfen werden. Oft handelt es sich jedoch um *ad hoc* eingeführte Beziehungsvermutungen, die, weil in keinem erkennbaren Zusammenhang zu einer übergeordneten Theorie stehend, auch wenig zur Erhellung bislang unverstandener Phänomene, geschweige denn zum Erkenntnisfortschritt beizutragen vermögen. Und auch dies ist zu berücksichtigen: Empirische Forschung, in der Regel mit öffentlichen Geldern finanziert, ist vielfach eine kostspielige Angelegenheit. Insofern tut sich hier auch ein **Legitimationsproblem** auf.

Damit sollte hinreichend deutlich geworden sein, weshalb in die Rede von **Empirismus** mitunter auch ein unverkennbar negativer Beiklang einfließt. Sinnvoll erscheint es daher, zwischen zwei Spielarten zu unterscheiden – dem **theoriegeleiteten** und dem ***Ad-hoc*-Empirismus** (Schanz [Empirismus]), und es muss an dieser Stelle auch nicht weiter darüber diskutiert werden, welches die einzig verteidigungswürdige Variante ist.

Die Praxis der empirischen Forschung stellt sich für den kritischen Beobachter zudem in gar nicht seltenen Fällen so dar, dass sie deutlich **methodengetrieben** erfolgt. Könnte dies nicht auch etwas mit dem imposanten Arsenal an ökonometrischen Verfahren zu tun haben, das heute zur Verfügung steht? Lädt dieses – zugespitzt gefragt – nicht geradezu dazu ein, Computer mit riesigen Datenmengen zu füttern? **Methodischer Strenge** – ›Rigour‹, wie es so schön heißt – lässt sich so auf relativ einfache Weise Rechnung tragen, während die **inhaltliche Relevanz** nicht eben selten in den Hintergrund tritt, wenn nicht sogar völlig auf der Strecke bleibt.

Anmerkungen zur vermehrten Internationalisierung der Forschung

Forschung ist nicht an Ländergrenzen gebunden – im Gegenteil. Der Blick über den Zaun kann neue Perspektiven eröffnen und insofern ausgesprochen vielversprechend sein, dies insbesondere dann, wenn er sich in Form eines **Ideenaustauschs** vollzieht.

Bis in die jüngste Vergangenheit konnte von einem wirklichen Austausch allerdings kaum die Rede sein. Die Internationalisierung der Forschung ist vielmehr sehr einseitig erfolgt. Seitens der deutschen Betriebswirtschaftslehre (und nicht nur dieser) wurden nämlich ganz überwiegend angelsächsische, vor allem US-amerikanische Forschungsergebnisse rezipiert. Insofern ist von einer **Einbahnstraße der Internationalisierung** auszugehen. Deutlich ablesen lässt sich dies am Beispiel des neoinstitutionalistischen Ansatzes (→ Abschn. 3.4.1): Geradezu ausschließlich auf US-amerikanische Quellen musste bei der Darstellung zurückgegriffen werden!

Ich bin weit davon entfernt, dies zu beklagen. Das Forschungsklima in den Vereinigten Staaten führt möglicherweise zu Ergebnissen, die zu Recht internationale Beachtung finden; an denen, salopp ausgedrückt, nicht einfach vorbeizukommen ist. Weitere, hier nicht erörterungsbedürftige Faktoren kommen hinzu. Ich glaube auch nicht, dass sich am erwähnten Einbahnstraßencharakter in absehbarer Zukunft sonderlich viel ändern wird. Englisch ist nun einmal das moderne Esperanto der Wissenschaft.

Einseitigkeiten der geschilderten Art werden allerdings dann zum Problem, wenn unberücksichtigt bleibt, dass es zur deutschen Betriebswirtschaftslehre in den angelsächsischen Ländern kein einigermaßen deckungsgleiches Pendant gibt. Die hierzulande übliche Fachbezeichnung lässt sich nicht ohne Bedeutungsverlust ins Englische übersetzen; es existiert schlicht kein äquivalentes Wort dafür. Entsprechend unterschiedlich sehen die Lehrpläne von amerikanischen und deutschen Universitäten aus. Nach meiner Überzeugung gibt die Betriebswirtschaftslehre viel auf, wenn sie sich – in Teilen unverkennbar – ziemlich bedingungslos am angelsächsischen Vorbild orientiert.

Zugleich als Überleitung zu dem angekündigten Blick auf mir zwei besonders wichtig erscheinende Felder zukünftigen Forschens und Lehrens erscheint mir ein Hinweis auf die in den USA ihren Anfang nehmende **Finanzkrise** angebracht. Sie hat in der jüngeren Vergangenheit unermesslichen Schaden angerichtet; ihre Folgen werden noch geraume Zeit spürbar bleiben. War es möglicherweise neben vielen anderen Faktoren nicht vielleicht auch das methodische und theoretische Instrumentarium, dessen Anwendung im Verbund mit einem fragwürdigen Menschenbild sich so verheerend auszuwirken vermochte?

Im speziellen Fokus der Lehre: Unternehmensethik

Es sollte nicht schwer zu erraten sein: Die obigen Sätze sind als Anspielung auf den Stellenwert der **Unternehmensethik** zu verstehen; eines Forschungs- und Lehrgebiets, dessen Aktualität angesichts der langen Liste der ethisch (möglicherweise) fragwürdigen Aktivitäten und Vorkommnisse von und in Unternehmen auf der Hand liegt. Und der Eindruck, dass diese Liste im Laufe der Zeit zunehmend länger geworden ist, täuscht wohl nicht...

Der Rückblick auf das von *Heinrich Nicklisch* initiierte Programm einer ethisch-normativen Betriebswirtschaftslehre (→ Abschn. 3.1.3) zeigt, dass die **Lehre vom Sittlichen** – denn darum geht es, auch wenn das etwas altmodisch klingt – im Fach schon relativ früh Beachtung gefunden hat. Als Beleg dafür ist ferner auf die scharfsinnigen und nach wie vor lesenswerten Überlegungen von *Arthur Lisowsky* zu verweisen, die, basierend auf seinem Vortrag im Rahmen der Kölner Betriebswirtetagung, 1927 in der Zeitschrift für Betriebswirtschaft veröffentlicht wurden (Lisowsky [Ethik]). Seinerzeit noch als **Betriebsethik** bezeichnet, ging es *Lisowsky* allerdings weniger um inhaltliche Fragen, sondern vorrangig um deren Einordnung in die Betriebswirtschaftslehre. Fest – und das verdient hier mitgeteilt zu werden – stand für ihn: „wenn die BWL das konkrete Betriebsleben betrachten will, muss sie auch die darin auftauchenden ethischen Beziehungen ins Auge fassen", und im Nachsatz heißt es: „Um das zu können, ist sie gezwungen, Hilfswissenschaften von der Art der Psychologie heranzuziehen" (Lisowsky [Ethik] 65).

Die keineswegs geringe Bedeutung, die heute der Unternehmensethik innerhalb der Betriebswirtschaftslehre beigemessen wird, zeigt sich nicht zuletzt an der beträchtlichen Zahl von Fachvertretern, die sich damit gewissermaßen hauptamtlich befassen. Sie tun dies aus unterschiedlichen Blickwinkeln, Indiz dafür, dass es sich bei der Ethik um eine facettenreiche Angelegenheit handelt, die von (zumindest zwei) unterschiedlichen Grundpositionen aus angegangen werden kann: einem **gesinnungsethischen Paradigma** auf der einen Seite, einem **verantwortungsethischen Paradigma** auf der anderen. Diese Unterscheidung, die nicht durchweg – dies sei hier nicht verschwiegen – für glücklich gehalten wird, geht übrigens ebenfalls auf *Max Weber* zurück.

Es ist an dieser Stelle nicht beabsichtigt, den damit verbundenen Fragen nachzugehen. Mir liegt vielmehr daran, den hohen Stellenwert der Ethikthematik speziell innerhalb der **Lehre** zu betonen. Mit anderen Worten: Studenten der Betriebswirtschaftslehre sollten während ihres Studiums möglichst umfassend mit der Vielzahl unternehmensethisch relevanter Fragestellungen vertraut bzw. – noch deutlicher – konfrontiert werden. Denn sie sind es, die in ihrem späteren Berufsleben Entscheidungen treffen (müssen), deren Auswirkungen sie auch unter ethischen Gesichtspunkten zu reflektieren in der Lage sein sollten. (Unternehmensethik ist, im Sinn einer Bereichsethik interpretiert, natürlich auch ein Gegenstand der betriebswirtschaftlichen Forschung.)

Die Ethikproblematik reicht in die verschiedensten Handlungs- und Gestaltungsfelder von Unternehmen hinein. Unter Bezug auf einige der bei der Darstellung der verschiedenen Wissenschaftsprogramme angesprochenen Themen sind hier beispielsweise zu nennen

- **ökologisch verantwortliches Agieren**, das von den Grundsätzen der Schadensminimierung und der Nachhaltigkeit geprägt sein sollte,
- die **menschengerechte Gestaltung der Arbeit**, speziell des Arbeitsplatzes, der Arbeitsumgebung und des Arbeitsinhalts,
- Fragen der **Entgeltgerechtigkeit**, wobei der Vergütung von Führungskräften eine Sonderrolle zukommt,

und Verschiedenes mehr, und selbstverständlich muss auch das in → Abschn. 3.4.2 erwähnte **Konzept der individualisierten Organisation** hier angeführt werden.

In unternehmensethischer Hinsicht besonders bedeutsam scheint mir die **Vermittlung eines adäquaten Menschenbildes** zu sein. Wenn Studenten lediglich mit Abstraktionen konfrontiert werden, die vom informatorisch omnipotenten *homo oeconomicus* bis hin zum skrupellosen Opportunisten reichen, so bleibt dies nicht ohne Folgen für ihr späteres Handeln und Entscheidungsverhalten als Führungs- oder Fachkräfte. Man kann sogar noch ein Stück weiter gehen: Ihre gesamte Weltsicht wird davon in gewiss nicht positiver Weise geprägt...

Von der Ethik – und dies gilt natürlich auch für ihre bereichsspezifische Ausprägung als Unternehmensethik – sind allenfalls in eher seltenen Ausnahmefällen völlig eindeutige Hinweise auf in konkreten Situationen richtiges oder falsches Handeln und Gestalten zu erwarten. Dabei handelt es sich allerdings lediglich um eine realistische Einsicht in ihre Möglichkeiten, keineswegs um eine Relativierung ihres Stellenwertes. Letzterer besteht meines Ermessens vor allem darin, dass Unternehmensethik durch ihre Vermittlung an Studenten von Universitäten und Fachhochschulen eine **erweiterte Sensibilität für das unter ethischen Gesichtspunkten zu Bedenkende** zu wecken vermag – verbunden mit der Hoffnung, dass diese Sensibilität in konkreten Situationen (etwa bei zu treffenden Entscheidungen oder im Führungsverhalten) ihren Niederschlag findet.

Speziell im Forschungsfokus: Einbezug neurowissenschaftlicher Erkenntnisse

Wenn im Folgenden für den Einbezug neurowissenschaftlicher Erkenntnisse in die betriebswirtschaftlichen Aussagensysteme – auf die gelegentlich anzutreffende Rede von „Neuro Economics“ kann dabei verzichtet werden – plädiert wird, so lässt sich überleitend zunächst feststellen, dass individuelle **Moralfähigkeit** selbstverständlich eine **Gehirnleistung** darstellt. Gleichzeitig bietet sich die Gelegenheit zu einem Nachtrag: Ethik wurde vorangehend als die Lehre bzw. als die Wissenschaft von der Moral interpretiert.

Wenn nun darüber hinaus für eine möglichst umfassende und systematische Berücksichtigung neurowissenschaftlicher Erkenntnisse geworben wird, so habe ich dabei vorrangig die betriebswirtschaftliche **Forschung** im Auge. (Aber auch hier gilt: Betriebswirtschaftlich relevantes Gehirnwissen kann und sollte selbstverständlich auch in der Lehre einen ihm angemessenen Platz finden.)

Es erscheint im Grunde genommen sehr plausibel, dass die Betriebswirtschaftslehre von der Anwendung neurowissenschaftlicher Erkenntnisse zu profitieren vermag: Bei unserem Gehirn handelt es sich im Wesentlichen um ein **Organ der Verhaltenssteuerung**. Wissen um seine Architektur, vor allem um seine Arbeitsweise, aber auch um seine (phylogenetische und ontogenetische) Evolution könnte daher fruchtbare Hinweise liefern, wie der betriebswirtschaftliche Erkenntnisstand angereichert und vertieft werden kann und wo er möglicherweise einer Korrektur bedarf. All dies ist natürlich auch praxisrelevant.

Zur Beruhigung so manchen Fachvertreters sei gesagt, dass es völlig ausreicht, sich **Elementarkenntnisse** über Architektur, Arbeitsweise und Evolution des Gehirns anzueignen, um auf deren Nutzungspotenzial für die eigene Disziplin aufmerksam zu werden. Dieses Nutzungspotenzial erschließt sich vielleicht nicht auf den ersten Blick. Aber angesichts zahlreicher, für den interessierten Laien gut zu verstehender Publikationen ist es auch nicht besonders schwierig.

Einige Kostproben – und um mehr kann es an dieser Stelle nicht gehen – sollen belegen, weshalb der Rückgriff auf (elementare) Erkenntnisse der modernen Neurowissenschaft lohnenswert ist: Das Gehirn hat sich im Laufe seiner Evolution hin zu einem leistungsfähigen **Rationalitätsapparat** entwickelt. Bei uns Menschen (denn auch Tiere besitzen ein Gehirn oder zumindest ein gehirnähnliches Organ) ist dieser mit Abstand am stärksten ausgebildet. Und weil Rationalität in der Ökonomik einen und vielleicht sogar: **den** Schlüsselbegriff schlechthin darstellt, zeichnet sich hier ein Berührungspunkt zwischen Neurowissenschaft und Betriebswirtschaftslehre ab.

Dabei ergeben sich allerdings überraschende Konsequenzen, die zumindest partielle Korrekturbedürftigkeiten praktisch sämtlicher Rationalitätsspielarten, auf die man in der Ökonomik stößt (objektive, subjektive oder irgendwie begrenzte Rationalität), nahelegen. Vor allem kommt man kaum um die Erkenntnis herum, dass diese Vorstellungen nicht nur einseitig, sondern in weiten Teilen sogar ziemlich abwegig und irreführend sind. Herausgehobene Bedeutung kommt dabei dem Tatbestand zu, dass bei der Herstellung von Rationalität etwas im Spiel ist, für das die beiden Schwesterdisziplinen der Ökonomik seit jeher blind sind; der sie, etwas martialisch formuliert, den Kampf angesagt hat – **Emotionalität**. In aller Kürze lässt es sich vielleicht wie folgt ausdrücken: Rationales

Entscheiden ist stets und zwangsläufig von emotionalen Elementen durchsetzt (Cytowic [Farben]; Damasio [Irrtum]; LeDoux [Gefühle]). Und man kann hinzufügen: Das ist, vielleicht nicht immer, aber oft, auch gut so!

Warum sind die der modernen Neurowissenschaft zu verdankenden Rationalitätsvorstellungen denen der traditionellen Ökonomik (gemeint ist damit sowohl die Betriebs- als auch die Volkswirtschaftslehre) vorzuziehen oder sollten zumindest als Ergänzung herangezogen werden? Nun, das liegt daran, dass es sich bei Ersteren um Erkenntnisse realwissenschaftlicher Art handelt, während letztere gedankliche Hilfskonstrukte bzw. Abstraktionen darstellen, denen jeglicher realwissenschaftliche Gehalt abgeht oder nur sehr begrenzt vorhanden und deutlich zu einseitig ist.

Bleiben wir noch ein wenig bei der Emotionalität: Nicht grundlos hat die Welt der Gefühle in der modernen Neurowissenschaft außerordentlich starkes Interesse gefunden. Dass die Ergebnisse durchaus auch von betriebswirtschaftlicher Relevanz sind, lässt sich schlüssig anhand einiger ausgewählter Anwendungsbereiche zeigen:

[1] Zunächst einmal besteht Anlass, der **Intuition** den Status einer bedeutsamen Managementkompetenz zuzuweisen (Schanz [Manager], 70 ff.). Dass sie vor allem bei komplexen und weit in die Zukunft reichenden Entscheidungen eine zentrale Rolle spielt, gibt dieser Feststellung Nachdruck. Dabei sind intuitive Fähigkeiten maßgeblich jenen Gehirnteilen zu verdanken, die an der Entstehung und Verarbeitung von Emotionen maßgeblich beteiligt sind. (Die alltagssprachliche Rede vom Fingerspitzengefühl oder von Entscheidungen aus dem Bauch heraus weist in diese Richtung.)

[2] Ebenso verhält es sich mit dem sogenannten **impliziten Wissen**. Diese Wissenskategorie (erstmals systematisch: Polanyi [Wissen]) ist in jüngerer Zeit in den Fokus des betriebswirtschaftlichen Interesses gerückt (Nonaka/Takeuchi [Organisation]), denn man hat erkannt, dass es sich um eine wertvolle Ressource handelt (Thobe [Externalisierung]). Als Transporteur solchen Wissens fungieren abermals Emotionen (Schanz [Wissen], 31 ff.), und allein der Tatbestand, dass es sich dabei teilweise um (in Form von Fähigkeiten, Fertigkeiten und Kenntnissen) mittels Erfahrung erworbenes Wissen handelt,

weist beispielsweise nachdrücklich auf den **Stellenwert älterer Mitarbeiter** und damit auf etwas hin, dem gegenwärtig und darüber hinaus auch für die absehbare Zukunft hohe praktische Relevanz zukommt (ebenda, 106 ff.).

[3] Mittels der Rede von **emotionaler Kompetenz** (gelegentlich auch: emotionaler Intelligenz; Goleman [Intelligenz]) wird auf eine managementrelevante Fähigkeit aufmerksam gemacht, die abermals vorrangig unserem fühlenden Gehirn zu verdanken ist. Wer über sie verfügt, hat im Berufsleben – sei es als Führungskraft oder als Gruppen- bzw. Teammitglied – gewichtige komparative Vorteile. Faktisch handelt es sich nämlich um eine anderen Fähigkeiten übergeordnete **Metakompetenz** in dem Sinn, dass ihr Ausmaß darüber entscheidet, wie zahlreiche andere Fähigkeiten effizient (!) zum Einsatz gebracht werden können. Das heißt beispielsweise, dass Manager ihrer Führungsaufgabe *ceteris paribus* besser gewachsen sind, wenn sie bedeutungshaltige Signale der ihnen weisungsmäßig unterstellten Mitarbeiter zu interpretieren wissen.

Von der hier anhand weniger Beispiele demonstrierten perspektivischen Erweiterung ist begründet anzunehmen, dass sie dem betriebswirtschaftlichen Forschen und Lehren sowie der betrieblichen Praxis fruchtbare Impulse zu vermitteln vermag und dass es sich folglich lohnt, das in ihr angelegte Potenzial weiter auszuschöpfen. Als Schlusssatz soll daher hier stehen: Letztendlich handelt es sich um einen folgerichtigen weiteren Schritt der Betriebswirtschaftslehre auf ihrem **Weg zur Interdisziplinarität**, der seit nunmehr einigen Jahrzehnten eingeschlagen wurde und von dem zu hoffen ist, dass er in Zukunft engagiert verfolgt wird.

Literaturhinweise

Abel, Bodo: Machttheoretische Modelle und [Individualismus] als Ansatzpunkte der unternehmungsbezogenen Konfliktforschung. In: Unternehmungsbezogene Konfliktforschung. Hrsg. von Günter Dlugos. Stuttgart 1979, S. 45–67.

Albach, Horst: Allgemeine Betriebswirtschaftslehre. Zum Gedenken an Erich [Gutenberg]. In: Zeitschrift für Betriebswirtschaft (56) 1986, S. 578–613.

Albert, Hans: [Wertfreiheit] als methodisches Prinzip. Zur Frage der Notwendigkeit einer normativen Sozialwissenschaft, in: Erich Topitsch (Hrsg.), Logik der Sozialwissenschaften, 6. Aufl., Köln, Berlin 1970, S. 181–210.

Albert, Hans: Traktat über kritische [Vernunft]. 3. Aufl., Tübingen 1975.

Albert, Hans: [Erkenntnis], Sprache und Wirklichkeit. In: Sprache und Erkenntnis. Festschrift für Gerhard Frey zum 60. Geburtstag. Hrsg. von Bernulf Kanitscheider. Innsbruck 1976, S. 39–53.

Albert, Hans: Individuelles [Handeln] und soziale Steuerung. In: Handlungstheorien interdisziplinär IV. Hrsg. von Hans Lenk. München 1977, S. 177–225.

Albert, Hans: Traktat über rationale [Praxis]. Tübingen 1978.

Alchian, Armen A.: Some Economics of [Property Rights]. In: Il Politico 1965, S. 816–829.

Becker, Gary S.: Der ökonomische [Ansatz] zur Erklärung menschlichen Verhaltens. Tübingen 1982.

Berger, Johannes; Domeyer, Volker; Funder, Maria; Voigt-Weber, Lore: Selbstverwaltete Betriebe in der Marktwirtschaft. Bielefeld 1986.

Berster, Falk: Ökologisch bedachtes [Verhalten] in Wirtschaftsorganisationen. Frankfurt am Main 2002.

Bleicher, Knut: [Betriebswirtschaftslehre]. Disziplinäre Lehre vom Wirtschaften in und zwischen Betrieben oder interdisziplinäre Wissenschaft vom Management? In: Betriebswirtschaftslehre als Management- und Führungslehre. Hrsg. von Rolf Wunderer. 2. Aufl., Stuttgart 1988, S. 109–131.

Buchanan, James M.: Das Verhältnis der [Wirtschaftswissenschaften] zu ihren Nachbardisziplinen. In: R. Jochimsen; H. Knobel (Hrsg.), Gegenstand und Methoden der Nationalökonomie, Köln 1971, S. 88–105.

Bunge, Mario: Scientific [Research II]. The Search for Truth. Heidelberg, Berlin, New York 1967.

Coase, Ronald H.: The [Nature] of the Firm. In: Economica 1937, S. 386–405.

Coase, Ronald H.: The [Problem] of Social Cost. In: Journal of Law and Economics 1960, S. 1–44.

Cytowic, Richard. E.: [Farben] hören, Töne schmecken. Die bizarre Welt der Sinne. München 1996.

Damasio, Antonio R.; Descartes' [Irrtum]. Fühlen, Denken und das menschliche Gehirn. München 1994.

Demsetz, Harold: Toward a Theory of [Property Rights]. In: American Economic Review 1967, S. 347–359.

Dyllick, Thomas: Ökologisch bewusste [Unternehmensführung]. Bausteine einer Konzeption. In: Die Unternehmung (46) 1992, S. 391–413.

Feyerabend, Paul K.: Wider den [Methodenzwang]. Skizze einer anarchistischen Erkenntnistheorie. Frankfurt am Main 1976.

Frese, Erich: Stichwort »Umweltschutz(es), [Organisation] des«. In: Handwörterbuch der Organisation. Hrsg. von Erich Frese. 3. Aufl., Stuttgart 1992, Sp. 2433–2451.

Frey, Bruno S.: [Ökonomie] ist Sozialwissenschaft. Die Anwendung der Ökonomie auf neue Gebiete. München 1990.

Furubotn, Erik G.: Pejovich, Steve: The [Economics] of Property Rights. Cambridge, Mass. 1974.

Glaeser, Bernhard: Zum [Verhältnis] von entscheidungsorientierter Betriebswirtschaftslehre und Philosophie. In: Zeitschrift für Betriebswirtschaft 1970, S. 665–676.

Goleman, Daniel: Emotionale [Intelligenz]. München-Wien 1996.

Günther, Klaus: Praktische [Umsetzung] des Umweltmanagements – Die umweltorientierte Organisationsentwicklung. In: Ökologisch wirtschaften. Erfahrungen – Strategien – Modelle. Hrsg. von Hans Glauber und Reinhard Pfriem, Frankfurt am Main 1992, S. 131–142.

Gutenberg, Erich: Zum »[Methodenstreit]«. In: Zeitschrift für handelswissenschaftliche Forschung (5) 1953, S. 327–355.

Gutenberg, Erich: Offene Fragen der [Produktions- und Kostentheorie]. In: Zeitschrift für handelswissenschaftliche Forschung. N.F. (8) 1956, S. 429–449.

Gutenberg, Erich: [Einführung] in die Betriebswirtschaftslehre. Wiesbaden 1975.

Gutenberg, Erich: Grundlagen der Betriebswirtschaftslehre. Bd. I: Die [Produktion]. 24. Aufl., Berlin, Heidelberg, New York 1983; Bd. II: Der [Absatz]. 17. Aufl., Berlin, Heidelberg, New York 1984; Bd. III: Die [Finanzen]. 8. Aufl., Berlin, Heidelberg, New York 1980.

Gutenberg, Erich: Zur Theorie der [Unternehmung]. Schriften und Reden von Erich Gutenberg. Aus dem Nachlass. Hrsg. von Horst Albach. Berlin u.a. 1989.

Hellman, Hal: [Zoff] im Elfenbeinturm. Große Wissenschaftsdisputate. Weinheim u.a. 2000.

Heinen, Edmund: Zum [Wissenschaftsprogramm] der entscheidungsorientierten Betriebswirtschaftslehre. In: Zeitschrift für Betriebswirtschaftslehre (39) 1969, S. 207–220.

Heinen, Edmund: Der [entscheidungsorientierte Ansatz] der Betriebswirtschaftslehre. In: Wissenschaftsprogramm und Ausbildungsziele der Betriebswirtschaftslehre. Hrsg. von Gert von Kortzfleisch. Berlin 1971, S. 21–37.

Heinen, Edmund: Die [Zielfunktion] der Unternehmung. In: Zur Theorie der Unternehmung. Festschrift zum 65. Geburtstag von Erich Gutenberg. Hrsg. von Helmut Koch. Wiesbaden 1962, S. 9–71; wiederabgedruckt in: Edmund Heinen: Grundfragen der entscheidungsorientierten Betriebswirtschaftslehre. München 1976, S. 13–93.

Heinen, Edmund: [Grundfragen] der entscheidungsorientierten Betriebswirtschaftslehre. München 1976.

Heinen, Edmund: [Einführung] in die Betriebswirtschaftslehre. 6. Aufl., Wiesbaden 1977.

Heinen, Edmund: [Wandlungen] und Strömungen in der Betriebswirtschaftslehre. In: Integriertes Management. Hrsg. von Gilbert J. B. Probst und Hans Siegwert. Bern, Stuttgart 1985, S. 37–63.

Heinen, Edmund: Art. [Entscheidungstheorie]. In: Gablers Wirtschaftslexikon. 12. Aufl., Wiesbaden 1988, Sp. 1531–1540.

Hettlage, Robert: [Genossenschaftstheorie] und Partizipationsdiskussion. 2. Aufl., Göttingen 1987.

Hundt, Sönke: Zur [Theoriegeschichte] der Betriebswirtschaftslehre. Köln 1977.

Hundt, Sönke; Liebau, Eberhard: Zum [Verhältnis] von Theorie und Praxis – Gegen ein beschränktes Selbstverständnis der Betriebswirtschaftslehre als „Unternehmerwissenschaft". In: Wissenschaftstheorie und Betriebswirtschaftslehre. Eine methodologische Kontroverse. Hrsg. von Günter Dlugos; Gerald Eberlein; Horst Steinmann. Düsseldorf 1972, S. 221–241.

Inglehart, Ronald: The Silent [Revolution]. Changing Values and Political Styles among Western Publics. Princeton N.J.1977.

Jehle, Egon: Über [Fortschritt] und Fortschrittskriterien in betriebswirtschaftlichen Theorien. Stuttgart 1973.

Jensen, Michael C.; Meckling, William H.: Theory of the [Firm]. Managerial Behavior, Agency Costs and Ownership Structure. In: Journal of Financial Economics 1976, S. 305–360.

Katterle, Siegfried: Normative und explikative [Betriebswirtschaftslehre]. Göttingen 1964.

Kilger, Wolfgang: Zum wissenschaftlichen Werk Erich [Gutenbergs]. In: Zeitschrift für Betriebswirtschaft (32) 1962, S. 689–692.

Kirsch, Werner: [Entscheidungsprozesse]. 3 Bde., Wiesbaden 1970/71.

Kirsch, Werner: Die Betriebswirtschaftslehre als [Führungslehre]. Erkenntnisperspektiven, Aussagensysteme, wissenschaftlicher Standort. München 1977.

Köhler, Richard: Theoretische Systeme der Betriebswirtschaftslehre im Lichte der neueren [Wissenschaftslogik]. Stuttgart 1966.

Köhler, Richard; Küpper, Hans-Ulrich; Pfingsten, Andreas: Stichwort „Betriebswirtschaftslehre". In: Wirtschaftslexikon. Das Wissen der Betriebswirtschaftslehre, Bd. 2, Stuttgart 2006, S. 840–861.

Kolbinger, Josef: Soziale [Betriebsführung]. Betriebswirtschaftslehre als Sozialwissenschaft. In: Ders. (Hrsg.): Betrieb und Gesellschaft. Soziale Betriebsführung. Berlin 1966, S. 51–97.

von Kortzfleisch, Gert (Hrsg.)*:* [Wissenschaftsprogramm] und Ausbildungsziele der Betriebswirtschaftslehre. Bericht von der wissenschaftlichen Tagung in St. Gallen vom 2. bis 5. Juni 1971. Berlin 1971.

Kräkel, Matthias: [Organisation] und Management. Tübingen 1999.

Kruk, Max; Potthoff, Erich; Sieben, Günter: Eugen [Schmalenbach]. Der Mann – Sein Werk – Die Wirkung. Stuttgart 1984.

Kuhn, Thomas S.: Die [Struktur] wissenschaftlicher Revolutionen. Frankfurt am Main 1967.

Lakatos, Imre: [Falsifikation] und die Methodologie wissenschaftlicher Forschungsprogramme. In: Kritik und Erkenntnisfortschritt. Hrsg. von Imre Lakatos und Alan Musgrave. Braunschweig 1974, S. 89–189.

Lawler, Edward E.: [Motivation] in Work Organizations. Monterey, Cal. 1973.

LeDoux, Joseph: Das Netz der [Gefühle]. Wie Emotionen entstehen. München, Wien 1998.

Lewin, Kurt: Frontiers in [Group Dynamics]. In: Human Relations 1947, S. 4–41 und S. 143–153.

Lisowsky, Arthur: [Ethik] und Betriebswirtschaftslehre. In: Zeitschrift für handelswissenschaftliche Forschung 1927, S. 253–258; 363–372; 429–442. Wiederabgedruckt in: Marcell Schweitzer (Hrsg.): Auffassungen und Wissenschaftsziele der Betriebswirtschaftslehre. Darmstadt 1978, S. 48–89.

Lorenz, Konrad: Vom [Weltbild] des Verhaltensforschers. Drei Abhandlungen. 11. Aufl., München 1980.

McKenzie, Richard B.; Tullock, Gordon: [Homo] Oeconomicus. Ökonomische Dimensionen des Alltags. Frankfurt am Main–New York 1984.

Mellerowicz, Konrad: Eine neue [Richtung] in der Betriebswirtschaftslehre? In: Zeitschrift für Betriebswirtschaft (22) 1952, S. 145–161.

Moxter, Adolf: Methodologische [Grundfragen] der Betriebswirtschaftslehre. Köln, Opladen 1957.

Myrdal, Gunnar: Das [Wertproblem] in der Sozialwissenschaft. Hannover 1965.

Neus, Werner: [Einführung] in die Betriebswirtschaftslehre aus institutionen-ökonomischer Sicht. Tübingen 1998.

Nicklisch, Heinrich: Der Weg aufwärts! [Organisation]. Stuttgart 1920.

Nicklisch, Heinrich: Die [Betriebswirtschaftslehre] im nationalsozialistischen Staat. In: Die Betriebswirtschaft (26) 1933, S. 173–177.

Nonaka, Ikujiro; Takeuchi, Hirotaka: Die [Organisation] des Wissens. Frankfurt am Main, New York.

Nücke, Heinrich: Betriebswirtschaftliche Probleme deutscher [Arbeiterselbstverwaltungsunternehmen]. Stuttgart 1982.

Pfriem, Reinhard: Ökologische [Unternehmenspolitik]: Ziele, Methoden, Instrumente. In: Ökologisch wirtschaften. Erfahrungen – Strategien – Modelle. Hrsg. von Hans Glauber und Reinhard Pfriem, Frankfurt am Main 1992, S. 91–113.

Picot, Arnold: Betriebswirtschaftliche [Umweltbeziehungen] und Umweltinformation. Berlin 1977.

Picot, Arnold: Ökonomische Theorien der [Organisation] – ein Überblick über neuere Ansätze und deren betriebswirtschaftliches Anwendungspotential. In: Betriebswirtschaftslehre und ökonomische Theorien. Hrsg. von Dieter Ortelheide, Bernd Rudolph und Elke Büsselmann, Stuttgart 1991, S. 143–170.

Polanyi, Michael: Implizites [Wissen]. Frankfurt a. M. 1985.

Popper, Karl R.: Logik der [Forschung]. 5. Aufl., Tübingen 1973.

Projektgruppe im WSI: [Grundelemente] einer Arbeitsorientierten Einzelwirtschaftslehre. Ein Beitrag zur politischen Ökonomie der Unternehmung. Köln 1974.

Raffée, Hans: Gegenstand, Methoden und [Konzepte] der Betriebswirtschaftslehre. In: Vahlens Kompendium der Betriebswirtschaftslehre. Band 1. München 1984, S. 1–46.

Richter, Rudolf: [Institutionen] ökonomisch analysiert. Zur jüngeren Entwicklung auf einem Gebiet der Wirtschaftstheorie. Tübingen 1994.

Rieger, Wilhelm: Schmalenbachs Dynamische [Bilanz]. 2. Aufl., Stuttgart 1954.

Rieger, Wilhelm: Einführung in die [Privatwirtschaftslehre]. 3. Aufl., Erlangen 1964.

Schäfer, Erich: [Selbstliquidation] der Betriebswirtschaftslehre? In: Zeitschrift für Betriebswirtschaft (22) 1952, S. 605–615.

Schanz, Günther: Zwei Arten des [Empirismus]. In: Zeitschrift für betriebswirtschaftliche Forschung 1975, S. 307–331.

Schanz, Günther: [Grundlagen] der verhaltenstheoretischen Betriebswirtschaftslehre. Tübingen 1977.

Schanz, Günther: [Erkennen] und Gestalten. Betriebswirtschaftslehre in kritisch-rationaler Absicht. Stuttgart 1988.

Schanz, Günther: [Methodologie] für Betriebswirte. Stuttgart 1988 (2. Auflage der Einführung in die Methodologie der Betriebswirtschaftslehre. Köln 1975).

Schanz, Günther: Die Betriebswirtschaftslehre als Gegenstand kritisch-rationaler [Betrachtungen]. Kommentare und Anregungen. Stuttgart 1990.

Schanz, Günther: [Organisationsgestaltung]. Management von Arbeitsteilung und Koordination. 2. Aufl., München 1994.

Schanz, Günther: Der [Manager] und sein Gehirn. Frankfurt am Main u. a. 1998

Schanz, Günther: [Personalwirtschaftslehre]. Lebendige Arbeit in verhaltenswissenschaftlicher Perspektive. 3. Aufl., München 2000.

Schanz, Günther: Das individualisierte [Unternehmen]. München, Mering 2004.

Schanz, Günther: Implizites [Wissen]. München, Mering 2006.

Schmalenbach, Eugen: Über den Weiterbau der [Wirtschaftslehre] der Fabriken. In: Zeitschrift für handelswissenschaftliche Forschung (8) 1913/1914, S. 317–323.

Schmalenbach, Eugen: Die Privatwirtschaftslehre als [Kunstlehre]. In: Zeitschrift für handelswissenschaftliche Forschung (6) 1911/12, S. 304–316. Wiederabgedruckt in: Zeitschrift für betriebswirtschaftliche Forschung, N.F. (22) 1970, S. 490–498.

Schneider, Dieter: Allgemeine [Betriebswirtschaftslehre]. 3. Auflage der »Geschichte betriebswirtschaftlicher Theorie«. München, Wien 1987.

Schüller, Alfred: [Property Rights] und ökonomische Theorie. München 1983.

Schweitzer, Marcell: [Wissenschaftsziele] und Auffassungen in der Betriebswirtschaftslehre. Eine Einführung. In: Auffassungen und Wissenschaftsziele der Betriebswirtschaftslehre. Hrsg. von Marcell Schweitzer. Darmstadt 1978, S. 1–14.

Seidel, Eberhard: Ökologisches [Controlling] – Zur Konzeption einer ökologisch verpflichteten Führung von und in Unternehmen. In: Betriebswirtschaftslehre als Management- und Führungslehre. Hrsg. von Rolf Wunderer. 2. Aufl., Stuttgart 1988. S. 307–322.

Seidel, Eberhard: [Anreize] zu ökologisch verpflichtetem Wirtschaften. In: Anreizsysteme in Wirtschaft und Verwaltung. Hrsg. von Günther Schanz, Stuttgart 1991, S. 171–189.

Seidel, Eberhard; Menn, Heiner: Ökologisch orientierte [Betriebswirtschaft]. Stuttgart, Berlin, Köln, Mainz 1988.

Simon, Herbert A.: [Entscheidungsverhalten] in Organisationen. Landsberg am Lech 1981.

Smith, Adam: Theorie der ethischen [Gefühle]. Frankfurt am Main 1949.

Smith, Adam: Der [Wohlstand] der Nationen. Eine Untersuchung seiner Natur und seiner Ursachen. Aus dem Englischen übertragen und mit einer Würdigung von *H.C. Recktenwald.* München 1974.

Spinner, Helmut F. : Theoretischer [Pluralismus]. Prolegomena zu einer kritizistischen Methodologie und Theorie des Erkenntnisfortschritts. In: Sozialtheorie und soziale Praxis. Eduard Baumgarten zum 70. Geburtstag. Hrsg. von Hans Albert. Meisenheim am Glan 1971, S. 17–41.

Strebel, Heinz: [Umwelt] und Betriebswirtschaft. Die natürliche Umwelt als Gegenstand der Unternehmenspolitik. Berlin 1980.

Thobe, Wiltrud: [Externalisierung] impliziten Wissens. Frankfurt am Main 2003.

Ulrich, Hans: Die [Unternehmung] als produktives soziales System. 2. Aufl., Bern, Stuttgart 1970.

Ulrich, Hans: Der [systemorientierte Ansatz] in der Betriebswirtschaftslehre. In: Wissenschaftsprogramm und Ausbildungsziele der Betriebswirtschaftslehre. Hrsg. von Gert von Kortzfleisch. Berlin 1971, S. 43–60.

Ulrich, Hans u. a.: Zum [Praxisbezug] einer systemorientierten Betriebswirtschaftslehre. In: Zum Praxisbezug der Betriebswirtschaftslehre in wissenschaftstheoretischer Sicht. Hrsg. von Hans Ulrich. Bern 1976, S. 135–151.

Ulrich, Hans: Die [Betriebswirtschaftslehre] als anwendungsorientierte Sozialwissenschaft. In: Die Führung des Betriebes. Hrsg. von Manfred N. Geist und Richard Köhler. Stuttgart 1981, S. 1–25.

Ulrich, Hans: [Management] – eine unverstandene gesellschaftliche Funktion. In: Mitarbeiterführung und gesellschaftlicher Wandel. Hrsg. von Hans Siegwert und Gilbert J. B. Probst. Bern, Stuttgart 1983, S. 133–152.

Ulrich, Hans: Von der Betriebswirtschaftslehre zur systemorientierten [Managementlehre]. In: Betriebswirtschaftslehre als Management- und Führungslehre. Hrsg. von Rolf Wunderer. 2. Aufl., Stuttgart 1988, S. 173–190.

Ulrich, Peter; Hill, Wilhelm: Wissenschaftstheoretische [Grundlagen] der Betriebswirtschaftslehre. In: Wissenschaftstheoretische Grundfragen der Wirtschaftswissenschaften. Hrsg. von Hans Raffée und Bodo Abel. München 1979, S. 161–190.

Vanberg, Victor: [Markt] und Organisation. Individualistische Sozialtheorie und das Problem korporativen Handelns. Tübingen 1982.

Wächter, Hartmut: Die Arbeitsorientierte Einzelwirtschaftslehre – eine [Herausforderung] an die Betriebswirtschaftslehre. In: WiSt-Wirtschaftswissenschaftliches Studium (5) 1976, S. 310–316.

Weber, Max: Gesammelte Aufsätze zur [Wissenschaftslehre]. Hrsg. von Johannes Winckelmann. 3. Aufl., Tübingen 1968.

Weyermann, Moritz; Schönitz, Hans: [Grundlegung] und Systematik einer wissenschaftlichen Privatwirtschaftslehre und ihre Pflege an Universitäten und Fachhochschulen. Karlsruhe 1912.

Williamson, Oliver E.: Die ökonomischen [Institutionen] des Kapitalismus. Tübingen 1990.

Winter, Georg: Für ein integriertes [System] umweltorientierter Unternehmensführung. In: Ökologisch wirtschaften. Erfahrungen – Strategien – Modelle. Hrsg. von Hans Glauber und Reinhard Pfriem, Frankfurt a. M. 1992, S. 124–130.

Portrait/Illustrationen im Buch

Susanne Fuellhaas, Konstanz | Universitätsarchiv der Universität St. Gallen (HSG), Schmalenbach-Gesellschaft für Betriebswirtschaft e.V. | Erich-Gutenberg-Arbeitsgemeinschaft

Personen- und Stichwortverzeichnis

H

I

K

L

M

N

O

P

Q

R

S

T

U

V

W